高等学校信息管理与信息系统专业系列实验教材

电子政务系统模拟实验教程

刘红璐　张真继　等编著

電子工業出版社
Publishing House of Electronics Industry
北京·BEIJING

内 容 简 介

本书以北京交通大学电子政务系统作为实验环境，围绕电子政务系统设计与使用中涉及的理论及实践知识，设计了若干实验，这些实验涵盖了系统管理和业务流程层面的关键知识，在实验设计过程中，作者穿插了相关的理论知识，并在实验最后给出了扩展实验供读者作进一步的演练，从而达到了理论与实践、学与练的有机结合。

本书适合作为大专院校信息管理、电子商务、电子政务专业学生的教学实践辅助教材，也适合作为相关业务人员的参考用书。

图书在版编目（CIP）数据

电子政务系统模拟实验教程/刘红璐，张真继等编著．—北京：电子工业出版社，2007.6
（高等学校信息管理与信息系统专业系列实验教材）
ISBN 978-7-121-04578-3

Ⅰ．电… Ⅱ．①刘… ②张… Ⅲ．电子政务—高等学校—教材 Ⅳ．D035.1-39

中国版本图书馆 CIP 数据核字（2007）第 086367 号

策划编辑：刘宪兰
责任编辑：张燕虹
印　　刷：北京机工印刷厂
装　　订：三河市鹏成印业有限公司
出版发行：电子工业出版社
　　　　　北京市海淀区万寿路 173 信箱　　邮编 100036
开　　本：720×1000　1/16　印张：12.25　字数：220 千字
印　　次：2007 年 6 月第 1 次印刷
印　　数：4000 册　定价：19.80 元

总序

从20世纪80年代开始，为了适应信息技术的迅猛发展和企业管理现代化的需要，我国一些高等学校开始设立信息管理类专业，旨在培养“既懂经营管理，又懂信息技术的复合型人才”。经过多年的发展和变化，原国家教委将经济信息管理、图书情报、管理信息系统等名称不同，但实质相似的专业统一为“信息管理与信息系统”专业。

“信息管理与信息系统”专业是一门应用之学、致用之学，实践性极强，涉及管理科学、经济学、数学、信息技术等多门类知识的专业，它的出现是多学科交叉综合发展的结果。它以管理为基础，以信息技术为手段，以实现管理现代化为总目标，力求将技术、经济、管理融为一体，以培养复合型现代管理人才。围绕上述目标，国内外各高校信息管理类专业一直将实验环节放在教学的首位。实践证明，只有紧紧围绕实验环节展开教学活动，才能真正培养出能实干、肯干、会干并有良好发展潜力的高素质人才；而如何将实验教学资源系统化、教师教学过程制度化、教学方法生动化是目前各高校“信息管理与信息系统”专业面临的普遍问题。

北京交通大学的“信息管理与信息系统”专业设立于1986年，其时正处于中国铁路信息化发展的大背景，北京交通大学“信息管理与信息系统”专业的教师一方面直接参与了铁路信息化建设课题的研究，另一方面则有针对性地设计了一些实验教学环节，加强对学生的科研素质、创新精神和动手能力的训练。在培养方案设计方面，除信息系统开发实践、商用ERP系统实验、网站开发实践、多维数据分析等专门的实验课外，所有理论课程均包含8～16学时的实验学时，从而可以将“实践能力培养”融入到整个教学过程，并无处不在。

但近年来，北京交通大学“信息管理与信息系统”专业在实践教学过程中也遇到了中国国内许多高校普遍遇到的问题，如实验资源分散于各个教师手中，共享程度不高；实验教学过程的规范化程度不高，缺乏系统性的实验教材，影响了学生的学习与实验效果。针对上述问题，2003年，北京交通大学启动了“信息管理与信息系统专业实践（实验）教学资源整合”教改课题研究，以解决实验资源系统化、教学过程制度化、教学方法生动化的问题。整个课题运作经历了教学理念研究、教学体系设计、校内讲义编写、教学实践、学生反馈、讲义修订、校内外专家评审等若干环节，并在课题研究的基础上初步形成了本套系列实验教材。

本套系列实验教材首期计划出版13本，这13本教材内容大体分为三类实验：一是基础型实验，包括《数据库应用基础实验教程》、《网络数据库实验教程》、《多维数据分析原理与应用实验教程》、《Visual Basic 6.0程序设计实验教程》、《网站开发技术实验教程》、《数据结构（C语言）实验教程》6本教材，旨在夯实学生对数据库和开发工具的掌握基础；二是设计型实验，包括《信息系统开发实践实验教程》、《决策支持与专家系统实验教程》、《网站开发实践实验教程》和《电子商务系统分析与设计实验教程》4本教材，旨在加强学生对B/S、C/S等不同模式的信息系统的设计能力；三是综合型实验，包括《ERP系统模拟实验教程》、《电子政务系统模拟实验教程》和《网络支付与结算模拟实验教程》3本，旨在帮助学生促进对企业管理、商务管理等各类知识与信息系统知识的融合，提高学生的系统应用能力，并加强学生对所学习知识的感性体验。

实验教材建设是一项复杂、艰巨的系统工程，北京交通大学信息管理系在组织编写这套系列实验教材的过程中，得到了国内信息管理领域许多著名专家和学者的热情指导和鼎力帮助，他们为这套系列实验教材的整体设计和编写提出了很多非常好的建议，在此对他们表示衷心的感谢！希望有更多的同行为实验教材的建设提出宝贵的意见，以共同为建设好中国的信息管理类专业、培养高素质人才做出贡献。

电子工业出版社为这套系列实验教材的出版投入了大量的人力和物力，对参与这套系列实验教材出版工作的领导和编辑们表示由衷的感谢。

北京交通大学副校长

信息管理专业博士生导师、教授

2007-4-23

前言

近年来,电子政务在我国得到了飞速发展,中央和地方党政机关开展了一系列的工作,如开展办公自动化(OA)工程,建立各种纵向和横向内部信息办公网络;启动一系列的"金字工程",保证重点行业和部门信息高效利用,以点带面地发展电子政务。许多高校也开设了电子政务专业以适应发展形势的需要,本教材作为电子政务系统的实践教程,在编写上依托于北京交通大学电子政务系统,为读者提供了一个全真的实验环境。本教材围绕电子政务系统设计与使用中涉及到的理论及实践知识,设计了若干实验,这些实验涵盖了系统管理和业务流程层面的关键知识,在实验设计过程中,作者穿插了相关的理论知识,并在实验最后给出了扩展实验供读者做进一步的演练,从而达到了理论与实践、学与练的有机结合。

本教材根据信息管理类、经济管理类本科教学大纲而设计,可作为信息管理、电子政务、电子商务及其他管理类、经济类专业学生学习及实践电子政务的配套指导教材,也可以作为计算机应用专业学生教学实践课程或自学的指导用书。

本书由刘红璐、张真继规划统稿。第1~5章由张真继编写,第6~7章、第10~14章由赵晨编写,第8章由李明晶编写,第9章由周世东编写。彭志锋在教材编写过程中提供了大量技术支持,姚家奕、常丹在本书的规划和撰写过程中提出了宝贵的建议,并给予了帮助和支持,在此向他们致以衷心的谢意。

由于水平有限,错误和疏漏之处在所难免,敬请专家和广大读者批评指正。

读者可从华信教育资源网(www.huaxin.edu.cn 或 www.hxedu.com.cn)下载本书电子教学参考资料包。

编著者

2007年2月

目录

第1篇

电子政务系统基础理论

第1章 概　论

本书基于北京交通大学电子政务模拟系统设计，在编写中安排了“电子政务系统基础理论”和“电子政务系统实验”这两篇。理论篇介绍了电子政务、电子政务的基本模式和功能、电子政务系统、政务流程和政务流程管理等概念，着重分析了“一站式”电子政务办公服务系统的框架结构。实验篇围绕“一站式”电子政务办公服务系统——北京交通大学电子政务模拟系统，设计了 6 个实验，这些实验涵盖了系统管理和业务流程层面的关键知识，并在实验最后给出了扩展实验供读者做进一步的演练，从而达到了理论与实践、学与练的有机结合。本书结构如图 1.1 所示。

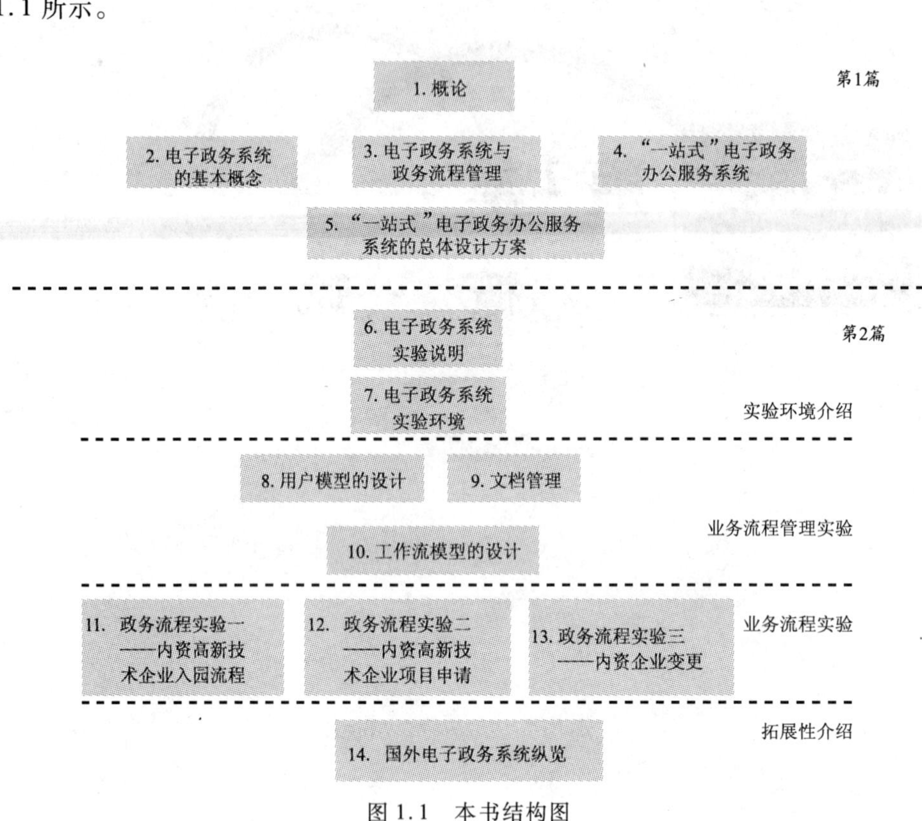

图 1.1　本书结构图

第2章 电子政务系统的基本概念

内容提要

本章首先介绍了政务和电子政务的概念，并将电子政务与传统政务进行比较，指出电子政务的优势；然后探讨了电子政务的基本功能和基本模式；最后介绍了电子政务系统的概念。

本章重点

- 了解电子政务与传统政务的区别。
- 理解电子政务的四种基本模式。
- 了解电子政务的基本功能。
- 了解电子政务系统的技术发展过程。

2.1 电子政务

电子政务(Electronic Government,E-Gov)是一个广义的概念。字面上的含义是指运用电子手段实现政务活动。下面围绕“政务”一词,进一步阐明电子政务的狭义概念。

2.1.1 政务的概念

“政务”在《现代汉语词典》中的解释是“关于政治方面的事务,也指国家的管理工作”。其含义有两个:一是指“关于政治方面的事务”;二是指“国家的各类行政管理活动,即专指政府部门的管理和服务活动”。电子政务中“政务”的含义是侧重于后面的含义。

政府是社会的上层建筑,它主要的工作目的是:

(1) 协调社会各个部门的工作,调整社会资源的再分配。

(2) 与公众广泛联系,服务于公众等。

2.1.2 电子政务的概念

电子政务是近几年来伴随着互联网的发展和应用而产生的新概念。它是电子商务实现的重要组成部分。这个概念最早由美国总统克林顿在 1992 年提出,美国政府将依托信息技术使其成为“电子政府”一词。目前,关于电子政务的概念还没有统一的定义,国内外对电子政务的含义的解释一般有以下几种。

(1) 电子政务就是政府机构应用现代信息和通信技术,将政府的管理和服务通过网络技术进行集成,在互联网上实现政府组织结构和工作流程的优化重组,超越时间、空间与部门分割的限制,全方位地向社会提供优质、规范、透明和符合国际水准的政府管理和服务。

(2) 电子政务是指公共管理组织在政务活动中,全面应用现代信息技术、网络技术、办公自动化技术等进行办公、管理和为社会提供各种公共服务的一种治理方式。

(3) 电子政务就是用以网络技术为核心的信息技术对传统政务活动进行持续不断的创新和优化,以实现高质量、高效率、低成本的政府管理和服务职能。

(4) 电子政务就是政府在国民经济和社会信息化的背景下,以提高政府办公效率,改善投资环境和决策为目标,将政府的信息发布、管理、服务和沟通功能向互联网上迁移的系统解决方案。

（5）电子政务就是通过在网上建立政府网站而构建的虚拟政府，它的实质是把工业化模型的大政府——即集中管理、分层结构、在物理经济中运行的传统政府，通过互联网转变为新型的管理体系，以适应虚拟的、全球性的、以知识为基础的数字经济，同时也适应社会运行的根本转变，这种新型的管理体系就是电子政府。

（6）电子政务就是一个利用信息和通信技术，在公共计算机网络上有效地实现行政、服务及内部管理等功能，在政府、社会和公众之间建立有机服务系统的集合。

（7）电子政务要求政府部门运用网络和现代通信技术，打破行政机关的组织界限，构建出一个电子化的虚拟机关，使得人们可以从不同的渠道取用政府的信息和服务，而不是传统的要经过层层关卡和书面审核的作业方式；而政府机关之间、政府与社会各界之间也是由各种电子化渠道进行相互沟通，并依据人们的需求、人们可以使用的形式、人们要求的时间及地点，向公众提供各种不同的服务方式选择。

（8）电子政务就是政府为了提高对企业的管理与服务水平，简化、优化企业办事程序，利用先进的科技手段，在政府原有办公事务的基础上，以互联网为工作平台，将日常管理与服务项目，转移到网上来实施，实现政府管理模式的网络化。它改变了传统的办公模式，简化、优化了办事流程，摆脱了传统办公模式受时间、地点和部门分工的限制，实现了高效率、高透明、方便快捷的“一站式”、“一表式”办公。

从上述电子政务的含义可以看出：

（1）电子政务必须借助于现代信息与通信技术。

（2）电子政务是在对传统政务改革和业务流程重组的前提下实现的高效率、高透明、方便快捷的新型政府管理与服务体系。

因此，现阶段电子政务的概念可以定义为：政府部门运用现代管理思想对传统政务进行改革和业务流程重组，充分利用信息和通信技术，将政府的管理和服务通过网络技术进行集成，实现超越时间、空间与部门分割的限制，全方位地向社会提供优质、规范、透明和符合国际水准的管理和服务。

2.1.3　电子政务与传统政务的区别

电子政务与传统政务有许多不同，最主要的区别是事务处理流程与支撑技术不同。

传统政务的处理事务的方式是以政府各部门的职能为中心,为社会公众提供面对面的政府服务。

企业、公众和社会组织等要通过政府部门办理一些事务一般要按照以下步骤进行。

(1) 了解政府部门的职能、权限和具体分工等。

(2) 按照解决事务的流程逐一到不同的政府部门办理。因此,事务处理流程复杂,审批环节多等,如图 2.1 所示。

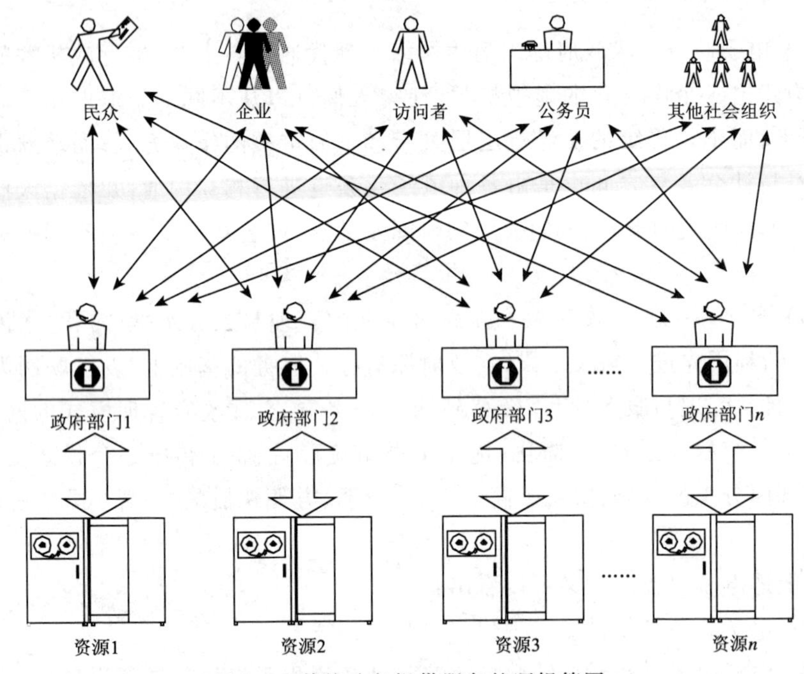

图 2.1 传统政务提供服务的逻辑简图

电子政务处理事务的流程是以社会的需求为中心,政府以“政府就是服务”为出发点,帮助企业、公众、社会组织等快速、高效地解决各种事务,协调各种关系,如图 2.2 所示。

从图 2.1 与图 2.2 的比较可以看出,电子政务提供的政府服务是一个以信息技术为基础的,通过政府服务流程的改进,向社会公众提供数字化的政府服务。

表 2.1 总结了传统政务与电子政务的区别。

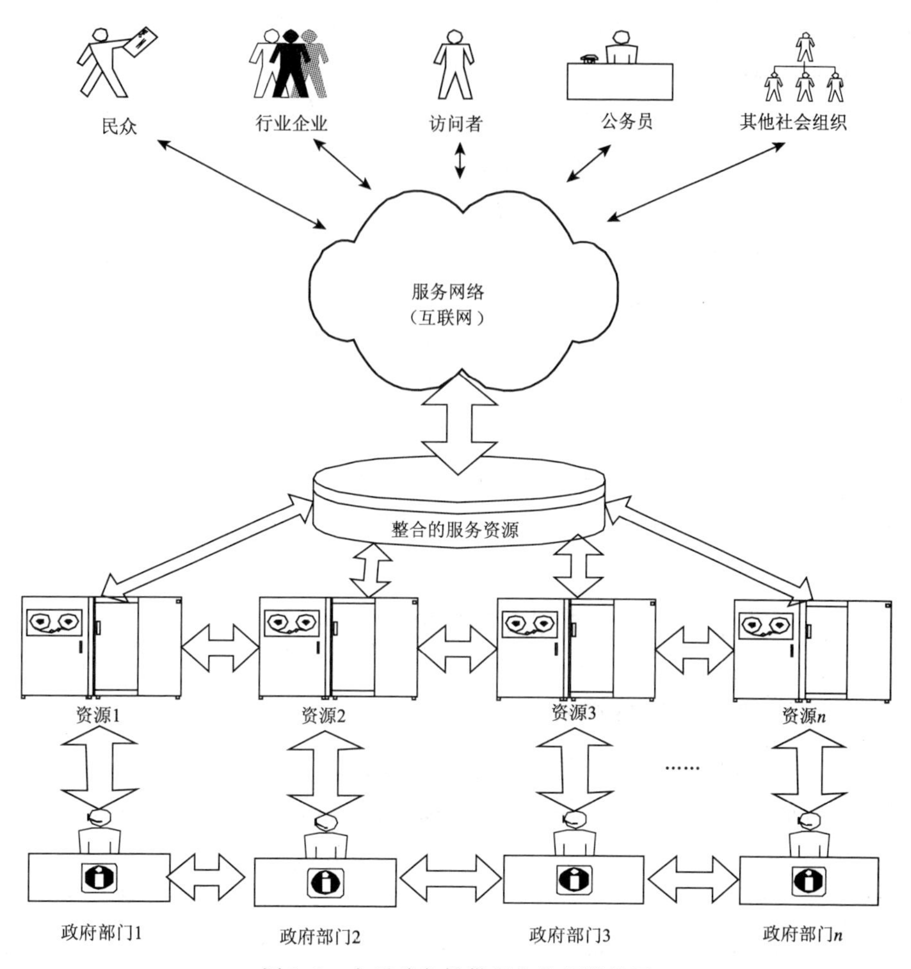

图 2.2　电子政务提供服务的逻辑简图

表 2.1　传统政务与电子政务的区别

事务处理方式等	传 统 政 务	电 子 政 务
政府部门存在的形式	物理实体存在	网络虚拟方式
政务办公的方式	面对面	跨越地理限制
政府组织结构	金字塔型的层级结构	网络型扁平化结构
政府管理方式	严格时间限制	7×24 方式
政府生效方式	集中管理	分权管理
政务处理程序	公章、签字等	数字签名等
政府工作重心	以管理、审批为中心	以服务、指导为中心
政府主要议事方式	会议为主	网络会议、讨论等
政府决策参与范围	主要集中在政府内部	政府内部与外部的统一

因此,传统政务与电子政务的主要区别在以下几个方面。

(1) 从具体操作上看,它们具有以下区别。

① 传统政务管理方式实际上是一种层级结构的管理方式;电子政务则通过先进生产力来提高管理能力,形成管理方式上的网络型扁平化结构的管理模式。

② 传统政务的政府与公众的联系,中间环节多;电子政务则能够做到政府对公众的要求进行快捷的反应,直接地为公众服务。

③ 与传统政务相比,电子政务可以对行使管理的过程进行快速有效的监督。

(2) 从工作方式看,传统政务管理大多以开会研究、逐级下达和层层上报为主;电子政务通过虚拟办公、电子邮件交换和远程连线会议等手段进行管理工作。

(3) 从工作模式看,电子政务与传统政务相比,工作模式发生了改变。电子政务利用现代信息技术加强全局管理,精简和优化政务流程,科学决策,实现政府的公共事务管理职能,使政务处理更加集约、快捷。

2.2 电子政务的基本模式和功能

2.2.1 电子政务的基本模式

电子政务根据服务对象不同,一般具有的模式如下:

(1) 政府对政府(Government to Government,G to G 或 G2G)。

(2) 政府对企业(Government to Business,G to B 或 G2B)。

(3) 政府对公众(Government to Citizen,G to C 或 G2C)。

(4) 政府对公务员(Government to Employee,G to E 或 G2E)。

图 2.3 表明了这 4 种模式之间的关系。

1. 政府(G to G)

G to G 就是政府部门间的电子政务系统的信息连接,其目的就是实现不同层级、不同政府部门之间的连接,完成的主要任务包括:

(1) 信息交换。

(2) 信息共享。

(3) 业务协同等。

信息交换、信息共享和业务协同是电子政务由低向高地实现系统的 3 个不同层面。

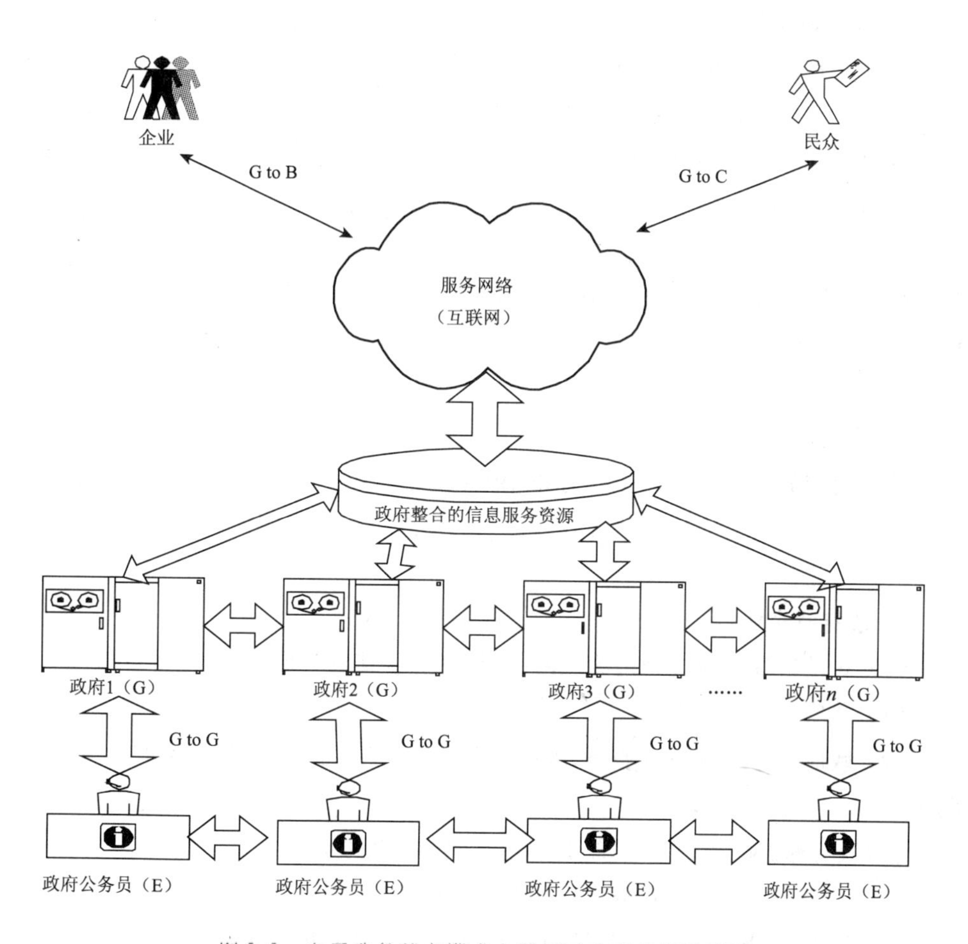

图2.3　电子政务基本模式之间相互关系的逻辑简图

现阶段G to G模式的具体应用，一般用下列信息系统实现。

1）电子法规政策系统

该系统可以向所有政府部门和工作人员提供现行的各项法律、法规、规章、行政命令和政策规范，使所有政府机关和工作人员都能够真正做到有法可依，有法必依。

2）电子公文系统

在保证信息安全的前提下，在政府上下级之间、不同部门之间传送有关的政府公文，如报告、请示、批复、公告、通知和通报等，从而使政务信息能够快捷地在政府系统内部流转，提高政府公文的传输和处理速度。

3）电子司法档案系统

行政机关和司法机关之间共享司法信息，如公安机关的刑事犯罪记录、检察机关的检查案例、审判机关的审判案例等，通过共享信息来提高司法机关的工作效率，并提高司法人员的综合能力。

4）电子财政管理系统

该系统向国家各级权力机关、审计部门和相关机构提供分级、分部门的历年政府财政预算及执行情况，包括从明细到汇总的财政收入、开支、拨付款数据以及相关的文字说明和图表，以使有关领导和部门能够及时掌握和监控本地区或本部门的财政状况。

5）业绩评价系统

按照设定的任务目标和工作标准，依照规范、公开、透明的程序，由有权实施法律监督和工作监督的部门对各政府部门的绩效进行科学的评估。

2. 政府对企业（G to B）

G to B 是指政府通过网络为企业提供精练、快捷的政府服务，主要包括：

（1）政府信息的发布。

（2）政府为企业提供的服务，如电子税收、电子工商审批及证照办理、电子采购等。

(3)政府通过电子政务系统对企业进行监管和服务。

以上 3 个方面是电子政务由低向高建设的不同阶段。

现阶段，G to B 模式具体提供的服务一般包括以下几方面。

1）电子税务

企业通过政府的税务网络系统，可以不到税务部门就能完成税务登记、税务申报、税款划拨、查询税收公报和了解税收政策等工作。

2）电子工商审批及证照办理

企业通过互联网可以申请办理各种工商审批手续及证件、执照等，如企业营业执照的申请、受理、审核、发放、年检、登记项目变更、核销，统计证、土地和房产证、建筑许可证、环境评估报告等证件、执照和审批事项的办理。

3）信息咨询服务

政府可以将自己掌握的各种数据库（如法律法规规章政策数据库、国际贸易统计资料等）对企业开放，供企业使用。

4）中小企业电子服务

政府可以自身的资源优势，为提高中小企业的竞争力和知名度提供各种帮助。例如，为中小企业提供统一的政府网站入口，帮助中小企业向电子商务供应商争取有利的条件，以及为这些企业的电子商务应用解决方案提供支持等。

5）电子政府采购与招标

政府可以通过互联网公布政府拟采购、招标的信息，以及有关政策、程序，以帮助企业进行投标。

6）电子招商

政府利用网站进一步实现国家“对外开放”政策，宣传招商政策等政府信息。

3. 政府对公众（G to C）

G to C 是电子政务的重要内容。G to C 的功能就是使政府利用信息技术为民众提供服务。

现阶段，G to C 模式具体提供的服务一般包括：

（1）政府政策信息发布。

（2）公众服务信息发布。

（3）电子税收。

（4）社会保险。

（5）教育培训。

（6）就业服务。

（7）办理证照。

（8）电子医疗服务等。

完善和成熟的 G2C 电子政务是电子政务发展的高级阶段，是全社会信息化发展的目标之一。

4. 政府对公务员（Government to Employee，G2E）

G2E 是政府公务员利用电子政务系统进行办公以及同事间交流开展协作工作的形式。G2E 主要包括系统内部培训、人员考核评估系统、政务管理系统以及决策支持系统等。

2.2.2　电子政务的基本功能

电子政务的实施在推动政府的职能转变，规范政务，优化政府运行机制，提高行政效率和信息资源利用,增强回应公众呼声和社会需求能力,提升政府管理水平等方面起着重要的作用。具体表现在以下6个方面。

1. 增强政府监管力度,维护市场经济秩序

实施电子政务,能够用信息化的手段来加强政府的有效管理,使政府的各项监管工作更加严密、有效。

政府的主要职能是经济调节、市场监管、社会管理和公共服务。在现代市场经济条件下,在发挥市场机制在资源配置中的基础性作用的同时,必须充分发挥国家对整个国民经济的调控作用。我国电子政务建设的首选目标确定为加强政府业务监管。银行"金关"、"金税"等工程所取得的成就都说明上述选择是符合我国国情的重要决策,对于监督和整合市场秩序,加强财政管理,规范财税秩序,保障经济的正常运行,增加国家收入,促进国民经济健康有序的发展起到重要作用。

2. 整合决策依据,实现决策支持

电子政务可以在政府信息系统的基础上完善决策支持系统,以达到科学决策的目的。

DSS(决策支持系统)是一种新兴的信息技术,它通过整合个人的智力资源和计算机的能力来改进决策的质量。DSS使用数学模型模拟客观事物,然后借助信息化技术对现有数据的分析得出预测结果,从而实现决策支持。

DSS可以解决政府决策中的复杂性问题。政府业务通常涉及各个行业和部门,其间的关系错综复杂而又多变,给决策带来了很大困难;而DSS大量采用先进的计算机技术,可以将多方面的资料进行综合并加以整理和分析,是克服政府决策困难的有效途径。

具体地说,DSS可以解决政府决策中海量信息的处理问题。随着各级政府信息系统的建立和完善,政府在日常业务中处理的信息量会以几何级数增长。由于各行业和各部门的业务对象迥然不同,所以信息不仅仅在内容上差异甚大,而且各有各的格式和模板。要在这种信息海洋中滤掉信息中的杂质,继而归纳出系统性的知识,将会带来巨额的工作量。DSS中所结合的海量数据库等计算机技术,正是解决这一问题的理想方案。DSS技术的优势不仅仅是因为计算速度比人快,更是因为它能够将自然语言形式的信息通过形式化的方法,转化为计算机可以识别和使用的方式,从而能以更为严谨的逻辑方式对信息进行推理,并得到其中系

统性的知识。因此,人们借助 DSS 就可以更快、更全面地对海量数据进行分析和处理。

虽然很多政府业务涉及到的模糊决策问题,通常被认为无法进行精确推理,只能依靠经验和主观判断来进行决策,但是近年来飞速发展的模糊推理技术和不确定推理技术可以在一定程度上解决这一问题,这就使得更多的政府决策问题可以借助政务 DSS 技术得到解决。

3. 实施信息发布,提供丰富信息

借助政务信息系统,政府可以向社会各界提供各类信息,支持企业和公众的决策。政府机构是整个社会最大的信息收集者。电子政务系统的建设可以促进国内各级政府单位信息中心的建设,不但可以为政府决策提供综合性的信息服务,而且还可以向企事业单位和公众提供信息服务。随着电子政务的发展,可进一步将各级政府信息中心整合,为政府部门、企事业单位和公众提供更全面的信息。

4. 加强沟通互动,有利服务公众

电子政务可以大大增加我国政府与公众之间的沟通、互动,为政府提供一种全新的为公众服务的方式。政府可以互联网为基础,构建政府服务骨干网络,提供电子窗口、电子目录、电子邮寄、电子新闻、电子民意信箱、政策法规资料查询和办事程序查询等基本服务。人们不必走进政府机关,只需坐在家中轻击鼠标键进入政府网站,就可获取有关政府机构设置、办公流程和工作动态等方面的信息。对于普通百姓来说,政府工作不再神秘,任何人都可以平等地获得政府提供的服务。

电子政务还可以推动政府服务向“单一窗口”、“跨机关”、“7×24 小时”、“自助式”、“一站式”和“一表式”服务的方向发展。人们无需进入政府机关,在家中通过计算机网络就可以申办居民身份证、护照、驾驶证,办理纳税、户籍等手续。办理事务的市民面对的电子政府是“一站式”结构,他们不必知道自己究竟是在与哪个政府部门打交道,就可以将事情办完。采用这种方式办事,只认规则、不分亲疏、不分等级、人人平等,不仅可以方便群众,提高政府部门的办事效率,更可以防止人情因素的干扰,减少腐败滋生的土壤。

5. 降低行政成本,提高办公效率

降低政府的行政管理成本,是目前我国政府管理中最为迫切的要求之一,而电子政务是目前解决这个问题的最有效的途径之一。电子政务主要是通过实行办公自动化和业务流程重组这两个途径,来降低运行成本、提高办事效率。

对于办公自动化带来的好处,很多国内政府机构已经深有体会。对于政府很多事务性、常规性的业务,如文档管理等,都可以进行自动化处理。由于很多政府业务的手续、步骤和流程都已经比较成熟和固定,所以实行电子化办公能够有效地降低每个环节的成本。目前,市场上已经有很多这方面的管理软件,可供政府部门选择。因为这些软件往往并不要求对政府业务的流程结构做根本的改变,而且对于硬件环境的要求也比较低,所以是政府部门提高工作效率的最方便有效的途径之一。

除此之外,电子政务还可以通过推动业务流程的重组,来节省系统中冗余结构所消耗的成本。业务流程重组的概念从20世纪90年代被提出后很快为世界各国所接受,根本原因在于业务流程重组可以大幅度降低运营成本。在电子政务的建设过程中,由于借助了先进的计算机和网络技术,很多过去传统模式下必不可少的环节和步骤变得不再必要,所以配合电子政务建设,可以调整原有的业务流程结构,精简不必要的手续、步骤乃至整个部门,这不但可以精简政府机构,提高办公效率,同时也能大幅度地降低政府的运行成本,形成行为规范、运转协调、公正透明、廉洁高效的行政管理体制。

6. 发挥主导作用,带动国家信息化建设

除了上述的功能之外,电子政务建设还能起到直接推动其他领域信息化建设发展的作用。例如,目前国内电子商务的发展已经遇到了瓶颈,网上支付、CA认证等,都是亟待解决的问题。但是,这些问题并不是靠商家单方面的努力就可以解决的,而是需要政府首先制定规范、确定标准。从这个意义上来说,电子政务的发展,实际上能够为未来电子商务的发展铺平道路。

电子政务系统是目前国内规模最为庞大的网络工程之一。在这个异常庞大的系统中,如何解决各个单位之间的通信和交互问题,也是一个很大的挑战。为了解决这个问题,需要政府规范各系统和各级别部门的通信、文档处理、加密等一系列协议、标准。这些协议和标准将为国内今后的信息化建设奠定基础。另外,因为电子政务系统对于安全性的要求非常高，所以其建设工作将极大地推动国内相关软硬件的研发和市场化工作，促进国内信息产业的发展。发展以政府为主导的电子政务，将给政府管理方式带来深刻变革，同时带动、促进我国信息技术及其相关产业的繁荣。电子政务的实施推广，将使政府成为推动社会信息化的主导力量，也必将加速我国社会的信息化进程，最终实现信息化带动工业化的目标。

2.3　电子政务系统的概念

简单地说，电子政务系统是信息技术发展到一定时期的信息系统，是电子政务功能和模式的具体技术实现。下面仅仅围绕对“信息”、“数据”、“系统”、“信息系统”的含义，以及电子政务技术发展的阐述，来进一步解释和理解电子政务系统的概念。

2.3.1　信息、数据、系统、信息系统的含义

1. 信息与数据

1）信息的含义

“信息”在西方主要文字（如英、法、俄、德文）中都为“Information”，它来源于拉丁文“Informatio”，可译为消息、情报、通知、知识等。在我国，《词源》把“信息”解释为音讯和消息。“信息”作为科学的概念，在学术界至今尚未取得一致的意见。

随着科学技术的发展，特别是在 20 世纪中叶的“三论”（控制论、信息论和系统论）以及由此为基础产生的“系统科学”和“信息科学”的形成，“信息”一词才有了一个较为确切的含义。

“信息”一般是指现实世界事物的存在方式或运动状态的反映。信息具有可感知、可存储、可加工、可传递和可再生等自然属性，信息也是现代社会各行各业不可缺少的、具有社会属性的资源。

2）数据的含义

数据是描述现实世界事物的符号记录，是指用物理符号记录下来的可以鉴别的信息。物理符号包括数字、文字、图形、图像、声音及其他特殊符号。数据的多种表现形式，都可以经过数字化后存入计算机。

3）信息与数据的关系

数据和信息这两个含义既有联系又有区别。数据是信息的符号表示或称为载体;信息是数据的内涵,是数据的语义解释。数据是信息存在的一种形式,只有通过解释或处理才能成为有用的信息。数据可用不同的形式表示,而信息不会随数据不同的形式而改变。例如,某一时间的股票行情上涨就是一个信息,但它不会因为这个信息的描述形式是数据、图表或语言等形式而改变。

信息与数据是密切关联的。因此,在某些不需要严格区分的场合,也可以把两者不加区别地使用,例如,信息处理也可以说成数据处理。

2. 系统

系统一词最早出现于古希腊语中,意为“部分组成的整体”。

系统论的创立者路德维希 · 冯 · 贝塔朗菲(L. V. Bertalanffy)把系统定义为“相互作用的诸要素的复合体”。

一般系统的含义包含如下 3 方面的内容。

(1) 系统是由若干部分(要素)组成的。这些要素可能是一些个体、元件、零件,也可能本身就是一个系统(称为子系统)。

(2) 系统具有一定的结构。所谓结构是指系统的各要素之间相对稳定地保持某种秩序,是系统组成各要素间相互联系、相互作用的内在方式。结构是系统之间相互区别的一个重要标志,即使系统的构成要素完全相同,但其组合方式存在区别,那么它们也会呈现出不同的特征和属性。

(3) 系统有一定的功能。要实现某一目的,就需要一定的“功能”。功能是指系统在存在和运动过程中所表现的功效、作用和能力。从某种意义上讲,功能是系统存在的社会理由。在自然界和社会中,某一系统之所以能存在,或更准确地说,能够被允许存在,是因为它表现出某种功能,对自然界或社会的其他系统发挥着某种作用。可以认为,没有功能的系统是不存在的。

系统的这 3 个含义是系统概念的基本出发点。因此,系统的概念可以简单地定义为:系统是为了达到某种目的由相互联系、相互作用的多个部分(元素)组成的有机整体。系统必须在环境中运转,不能孤立,系统与其环境相互交流、相互影响。

从系统的含义和定义出发,系统应具有如下特性。

1) 整体性

整体性是系统的基本属性。从系统的含义可以看出,系统是由若干相互联系、相互作用着的部分的有机结合，形成具有一定结构和功能的整体，它的本质特征就是整体性。系统的目标、性质、运动规律和系统功能等只有在整体上才能表现出来，每个部分的目标和性能都要服从整体发展的需要。整体的功能并不是各部分功能的简单相加，前者大于后者。因此，应追求整体最优，而不是局部最优，这就是所谓全局的观点。

一个系统，如果每个部分都追求最好的结果而不考虑整体利益，不会是最好的系统；反之，即使每个部分并非最完善，但通过综合、协调，仍然可使整个系统具有较好的功能。

2）目的性

任何一个系统均有明确的目的，不同系统的目的可以不同，但系统的结构都是按系统的目的建立的。

3）层次性

系统有大有小，任何复杂的系统都有一定的层次结构。一方面，系统是上一级的子系统（元素），而上一级系统又是更上一级系统的元素；另一方面，系统可进一步分成由若干个子系统（元素）所组成，以此类推，可以将一系统逐层分解，体现出系统的层次性。由于系统的层次性，使得人们在实现一个系统时可以采用系统分解的方法，先将一个系统合理、正确地划分为若干层次。从较高层进行分析，可以了解一个系统的全貌；从较低层分析，可以深入一个系统每一个部分的细节。

系统的层次性还表现在系统各层次功能的相对独立性和有效性上，破坏各层次的独立性和有效性，最终会降低系统的效率。

4）相关性

相关性是指系统内的各部分相互制约、相互影响、相互依存的关系。构成系统的各个部分虽然是相互区别、相互独立的，但它们并不是孤立地存在于系统之中的，而是在运动过程中相互联系、相互依存的。这里所说的联系包括结构联系、功能联系、因果联系等。整个系统的目标正是通过各部分的功能及它们之间合理的、正确的协调而达到的。

分析系统的相关性是构筑一个系统的基础，在实现一个系统的过程中不仅要考虑如何将系统分解成若干子系统，而且要考虑这些子系统之间的制约关系。

5）环境适应性

任何系统都是由若干部分所组成的，同时又从属于更大的系统，大系统的其他部分就是该系统的环境。广义地讲，一切不属于系统的部分统称为环境。系统处于环境之中,系统与环境间必然要相互交流、相互影响,产生物质的、能量的、信息的交换,以保持适应状态。从环境中得到某些信息或物质、能量,称为系统的输入;向环境中输送信息、物质或能量,称为系统的输出。系统的基本功能就是将环境的输入进行加工处理转换为输出。系统与环境的这种输入、输出关系也称为输入接口和输出接口,统称为接口。

任何一个系统的存在和运行都受到环境的约束和限制,同时系统又通过对环境的输出而对环境施加影响。系统与环境的影响是交互的,适应性应该是双向的。

系统的边界是指系统与环境的分界线,它把系统与环境分开,其实系统与环境间并无明显的分界线。确定边界,只是为了研究的方便,对系统的范围、规模及所要解决的问题加以限制。

3. 信息系统

基于上述“信息”、“数据”和“系统”的含义,信息系统的概念可以从广义和狭义的角度进行解释。

从广义上讲,信息系统是任何系统中信息流的总和。在任何一个系统中,其内部必然存在物质、能量和信息的流动,其中信息控制着物质和能量的流动,使系统更加有序。从系统的观点看,在任何复杂系统中,都有一个沟通各个子系统的信息系统存在,信息系统的作用与其他子系统不同,它不具有某一具体功能,但它关系到全局的协调一致。信息系统工作的好坏与整个组织的效益关系极大,特别是在当今的信息时代,应该说,信息系统是整个系统的神经系统。

从狭义上讲,信息系统由人、计算机硬件、软件和数据资源组成,目的是对信息进行收集、存储、检索、加工以及传递等,使其提供决策所需的信息。

从系统的观点上看,信息系统包括输入、数据处理、输出和反馈 4 部分,如图 2.4 所示。

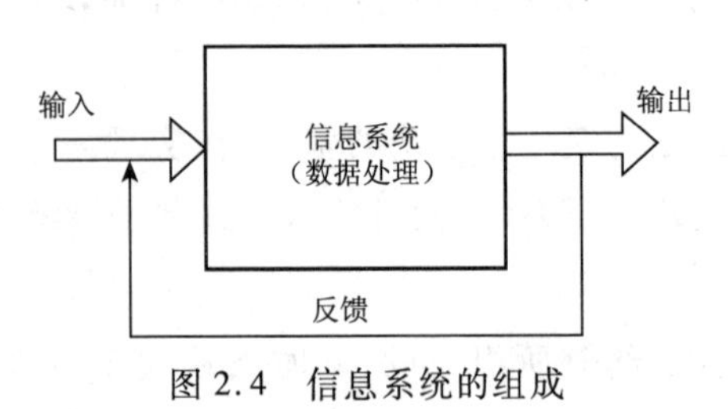

图 2.4　信息系统的组成

信息系统的输入和输出的形式是信息,而信息系统内部处理对象是信息的载体——数据,因此将信息系统的处理过程称为数据处理。输出的信息是有用的或可利用的信息,是服务于信息系统目标的信息。数据处理意味着对输入数据进行存储、检索、加工以及传递等处理,使其变换为可用的输出信息。反馈用于调整或改变输入或处理活动的输出,是进行有效控制的重要手段。

2.3.2　电子政务系统的技术发展基础

1. 办公自动化

应该说,办公自动化是电子政务的雏形。办公自动化的概念出现在 20 世纪 30 年代,所谓办公自动化(Office Automation,OA)是指借助技术手段,将人的部分业务转交给各种设备来处理,并由这些设备和办公人员共同完成办公业务。OA 与后来出现的信息系统(Information System,IS)、管理信息系统(Management Information System,MIS)、决策支持系统(Decision Support System,DSS)概念相比,较少地应用管理模型,强调自动化办公设备等硬件技术的使用。

在 20 世纪 50 年代的美国和日本,办公自动化最初应用于会计部门,只具有电子数据处理(Electronic Data Processing,EDP)簿记功能。20 世纪 60 年代,随着信息技术的发展,办公自动化技术进一步成熟。

应该说,在 20 世纪 70 年代以前,政府主要依靠各种传统设备来辅助公职人员的手工操作,这些设备包括收集信息所使用的各种专门报表,传输信息所使用的公文、电话和传真等。进入 20 世纪 70 年代之后,政府处理的信息迅猛增加,对信息处理数量、速度和效率的要求越来越高;同时,需要各部门协作的工作越来越多,这就使过去各部门各自为政、孤军作战的做法越来越不能适应业务的需要。为了解决这些问题,办公自动化应运而生。

20 世纪 80 年代,国外的办公自动化得到了飞速发展,许多著名的计算机软硬件公司都开始涉足这一巨大的市场,并推出了不少针对政府办公而开发的应用软件。

进入 20 世纪 90 年代以来,办公自动化在世界上主要的发达国家得到进一步发展,许多大公司投入了大量的人力、物力和财力,在语音、数字、文字、图像、网络技术和人机工程等领域进行了深入的研究,并推出了影像处理设备、文字处理机和笔记本电脑等现代办公设备。近几年来,随着多媒体技术的发展,又陆续出现了语音邮件、语音文件、电子书籍、自动拨号、语音识别和无键盘操作等多种新的办公技术,从而把办公自动化提高到了一个新的水平。

今天,OA 已经成为信息社会最重要的标志之一,而运用 OA 来处理政府业务,也成为衡量政务电子化程度的重要标志。

虽然 OA 系统日渐成熟,但是政府系统处理的信息飞速增长,传统的信息处理方法已经无法适应需要;而且,仅仅将传统的政务流程通过 OA 系统加以电子化,也无法从根本上解决海量信息的处理问题。在这种情况下,政务信息系统就成为政府 OA 进一步发展的必然产物。

2. 管理信息系统

当办公自动化不能满足业务管理的需要时,管理信息系统(MIS)应运而生。管理信息系统是一个由人和计算机软硬件资源组成的人机系统,能进行管理信息的收集、传递、加工、保存、维护和使用,提供信息支持单位的运行、管理和决策的功能。在强调管理、强调信息的现代社会中,管理信息系统变得越来越普及,可以说它是一门新的学科,跨越了若干个领域,如管理科学、系统科学、运筹学、统计学以及计算机科学,并在这些学科的基础上,形成信息收集和加工的方法,从而形成一个纵横交织的系统。

我们平常所说的信息系统,基本上是指基于数据库的 MIS。在脱离数据库的情况下,信息附着于业务流程之上,分散且不成系统,数据的再利用受到很大的限制,要想挖掘数据中的信息,难度很大。所以,当处理的信息量增大到一定程度时,在办公自动化的基础上辅以基于数据库的信息系统就变得十分必要。

在传统业务流程中,数据信息附着于业务流程之上,可以通过业务流程管理中的某些步骤(如登记、注册等)提取出来,这是一种效率很低的数据处理方法。实现了办公自动化之后,虽然很多业务数据电子化了,但是不借助数据库的帮助,数据信息仍然附着于业务流程之上,虽然可以以文件等形式将电子化的数据存储起来,但是数据的再利用效率很低,而且也无法从这些无序的数据中提取出进一步的信息。当建立了数据库系统之后,数据终于脱离业务流程而独立存在。人们不但可以通过管理信息系统将其存储于数据库之中,而且还可以对其进行方便的再利用。

信息系统最初为大众所重视,是在它解决了美国航空公司的订票问题的时候。20 世纪 50 年代,美国航空公司在全美有近千个订票处,各个订票处之间通过传统的电话和纸介质进行通信。这种落后的沟通方式往往造成订票的冲突，有的地方机票供大于求，而同时有的地方机票却供不应求，给航空公司造成了很大的经济损失。为了解决这个问题，航空公司斥巨资建立了预约订票系统（SABRE），通过计算机网络来进行各个分站的联系。该系统设有1 008个订票点，可以存取600 000个旅客记录和27 000个飞行段记录，它可以使人们在任何一个订票点查到某一航班是否还有空座位。虽然从概念上来看，SABRE只是一个基于统一数据库的数据更新系统，但是它已经具备了一个信息系统的基本构架。

继而，美国又出现了更为智能化的状态报告系统，它又可以分为生产状态报告、服务状态报告和研究状态报告等系统。比如生产状态报告系统，其典型代表是美国国际商用机器公司（International Business Machines Corporation，IBM）的生产管理系统。1994年，IBM公司建立了先进分析系统（Advanced Analysis System，AAS），它能进行450个业务的操作。1968年，IBM公司又建立了公用制造信息系统（Common Manufacture Information System，CMIS），运行很成功，对于过去需要15周才能处理完毕的工作，该系统只用3周就可以完成。

随着信息技术的不断发展，之后又出现了诸如企业资源计划（Enterprise Resources Planning，ERP）的新型针对企业管理的信息系统。ERP是由美国Garter Group Inc.咨询公司首先提出的。ERP的宗旨是以市场为导向，对企业所拥有的资源（人、财、物和信息等）进行综合平衡和优化管理，使企业在激烈的市场竞争中全方位地发挥自身潜能，取得最大的经济效益。ERP理论的形成大致经历了基本MRP阶段、闭环MRP阶段、MRP－Ⅱ阶段及ERP的形成阶段。基本MRP是在库存订货点法的基础上形成的。

一些信息系统的研究和开发为电子政务系统的建设奠定了一定的基础，如地理信息系统（Geographic Information System，GIS）。GIS的应用与城市规划、建设、监控、资源配置等有着直接的关系。由于大部分应用信息都与空间位置属性密切相关，所以GIS技术可以成为整合政府信息资源的有效手段，在GIS基础之上发展起来的空间信息技术，也已成为电子政务系统的一个有机组成部分。除此以外，还有诸如全国海区航测信息系统、智能交通系统和城市物流系统等针对专门对象的信息系统，都可以在电子政务平台上得以应用。

管理信息系统的成功运用，使其成为现代管理的一个重要工具，同时也是电子政务系统发展的技术基础。

3. 决策支持系统

管理的核心在于决策。决策支持系统的开发目的,就是为管理者的决策提供更为科学的依据。

决策支持系统是包含于管理信息系统之中,是以众多信息为依据,为企业提供各种决策信息以及许多商业问题的解决方案。它能够减轻管理者从事低层次信息处理和分析的负担,使他们能够专注于最需要决策智慧和经验的工作,从而提高了决策的质量和效率。

决策支持系统在政务业务中的应用,则显得更为必要。这既是由政府业务所涉及的海量数据所决定的,更是由政府所肩负的决策任务所决定的。政府面对的是整个社会产生的海量数据;而且,由于数据的来源渠道多、种类繁杂,数据的成分也比较混杂,不经过预处理和计算机的数据挖掘,难以发现其中有用的信息。现代社会的快节奏,要求政府决策必须更快、更准确,这与政府所收集的未经筛选的原始信息的粗糙和混杂正好成为一对矛盾。要解决这个矛盾,电子政务系统中必须包含决策支持系统。

因此,决策支持系统在电子政务系统技术发展中占有重要地位。

4. 电子政务系统

虽然各国政府一直在致力于将最新的信息技术应用于政府办公,但只有当网络技术发展到成熟阶段,尤其是当互联网普及之后,电子政务才真正在技术上成为现实。

20 世纪 90 年代中期,互联网进入了飞速发展的阶段,万维网(Web)技术在互联网(internet)/内联网 Intranet 中得到广泛应用。

互联网是由多个网络互连而成的计算机网,网络互连需要遵循一定的协议。因特网(Internet)是采用 TCP/IP 协议簇的一种国际互联网,应用最为广泛。互联网最重要之例即为因特网。

因此,网络基础的发展为电子政务系统的形成与进一步应用奠定了坚实的基础。

在我国,20 世纪 80 年代,政府开始建设国家经济信息系统,这个系统是我国最早的政府信息系统,该系统是由中央、省、市和县四级信息中心组成的完整体系,为政府决策提供了重要的信息支持,同时也为电子政务系统的建设积累了大量的建设经验。

2.3.3 电子政务系统的概念

基于上述"信息"、"系统"、"信息系统"的含义以及电子政务系统技术发展基础的分析,电子政务系统的概念可以定义为:电子政务系统是建设在互联网和其他计算机网络的基础上,充分利用现代信息与通信技术,以实现政府政务流程和职能为目标的信息系统。该信息系统包括软件系统和硬件系统。

电子政务系统的一般结构可以用图2.5表示。

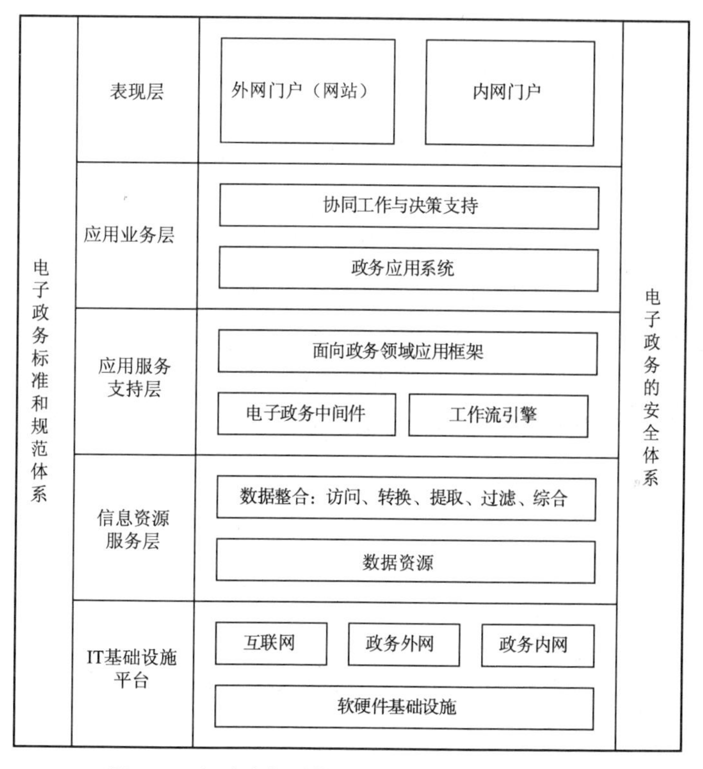

图2.5 电子政务系统的基本分层逻辑结构简图

IT基础设施平台提供电子政务系统网络通信和系统服务。服务器、存储设备等基础硬件设施由网络传输介质和网络设备连接起来,形成基础网络层,为信息提供数据通道,是各种应用系统交互的基石。硬件设施配以相应的系统软件(如操作系统和网络管理系统等)构成网络系统层,此层向信息资源平台提供数据存储和管理所必须的基础设施。

信息资源服务层一般负责管理存放政府各类基础数据,通过数据转换、加工、提取和过滤等过程,向应用服务层提供数据。该平台一般包括数据库和数据库管理系统。

应用服务支持层包括工作流引擎和电子政务中间件。中间件支持跨平台的分布式异构数据的访问,从而向应用业务层提供统一的数据服务。工作流系统通过工作流引擎驱动数据在应用业务层的各种应用之间流转,以便根据分工,合理、高效和完整地分配信息。通过上层(应用业务层)的应用系统完成各种具体的政务应用。

应用业务层包括 G to G、G to B、G to C 和 G to E 等模式下的电子政务各个应用系统,如办公自动化、决策支持、"一站式"电子政务办公服务系统和行业应用系统等。

表现层主要包括外网门户(即网站)、内网门户等。它的主要任务是通过信息交互完成政府沟通等职能。

电子政务标准和规范体系分为总体标准、网络基础设施标准、应用支撑标准、应用标准、信息安全标准和管理标准等。这个标准和规范体系为实施电子政务系统建设提供标准依据。

电子政务的安全体系包括安全法规以及安全策略、安全管理、安全技术产品、安全基础设施、安全服务等信息安全保证措施。该体系保障整个电子政务系统的安全、可靠地运行。

本章小结

本章介绍了电子政务、电子政务系统等基本概念,并将电子政务与传统政务进行比较,指出电子政务的优势,探讨了电子政务的基本功能和基本模式。通过本章的学习,读者应了解并掌握电子政务(与传统政务比较)的优势、电子政务系统的技术发展过程。

第3章 电子政务系统与政务流程管理

内容提要

本章围绕着“流程”一词进行论述，介绍了 BPR（业务流程重组）、政务流程的概念，进而深入探讨了政务流程优化、再造、管理的若干问题。

本章重点

- 了解什么是 BPR。
- 了解流程管理及其与 BPR 的关系。
- 了解政务流程优化与再造的含义。

电子政务的关键是利用信息技术实现政务流程的管理。西方发达国家的政府改革创新工程是以流程管理的规范、优化和再造为核心进行的。因此,电子政务系统的建设必然依托于确定和优化的政务流程,而电子政务系统的建设也必然促进政务管理流程的进一步优化。

自20世纪90年代美国管理学者哈默和钱皮博士提出业务流程重组(Business Process Reengineering,BPR)以来,BPR的理论和方法指导了越来越多的组织机构进行业务流程的优化与再造,并取得了显著的效果。BPR理论和方法与政务流程管理思想融合在一起,为电子政务系统的建设奠定了理论基础。

3.1 BPR与流程管理的基本概念

3.1.1 概念产生的背景

自20世纪50年代开始,信息技术已对企业、政府等机构管理产生了一些影响,但仍局限在低层次中。当时,工业化的管理主要表现是机械化管理,最典型的例子是汽车生产线。整个汽车生产线分割成若干个工序,每个工人在各自的固定工序上专做一件工作,形成了专业分工,提高了生产效率。这个专业分工的观念慢慢运用到组织管理上来,即每个员工都有自己的专业或工种,如会计、车工等。

在分工观念的影响下,管理机构的组织结构呈金字塔状并分为多层职能管理。上层部门管理和指挥下层部门,金字塔顶端是高级管理层,负责整个组织机构的业务管理,实现组织机构的整体目标。

这种金字塔式的分层管理模式,是工业时代最普遍的组织形式。其好处是人人专精,即将其分内的事做得非常好。正因为只专责其分内的事,导致了局部最佳,在传统组织中,常常出现非常理想的会计部门、表现杰出的生产部门,但是整个组织机构的运营却成绩一般,甚至很不理想。其原因在于,组织机构的管理是一个系统工程,如果仅仅一个或几个部门效率很高,但其中一些部门却存在问题,其结果仍旧影响整体机构的运营状况。

政府组织以及绝大多数社会组织的管理模式也属于分层职能的管理模式,其基本特征如下:

(1) 以职能作为建立组织的依据。

(2) 主要以职能目标作为管理目标。

(3) 组织主要按职能实行纵向和横向分解,从而划分出不同层级及其职能部门,这些部门实际分割了整个组织的职能。

（4）以控制、协调作为主要职能形式,实行层级管理,管理体系基本上是上一级组织指挥下一级组织的命令控制体系。

（5）信息沟通以逐级传递为主。20 世纪 50 年代以前,经济全球一体化时代还未来临,组织分层职能负责的管理形式具有很好的效果。

进入 20 世纪 90 年代以后,由于市场竞争日趋激烈,经济全球一体化日趋明显,这种组织形态已不能应付市场瞬息万变的要求。此外,信息技术的应用已由公司的基层慢慢扩展到管理层,甚至扩展到最高决策层。通信技术、电子邮件、共享数据库、数据挖掘以及决策支持系统等最新科技的应用打破了各部门之间的界限。

因此,在这个大的背景下,20 世纪 90 年代,美国管理学者哈默和钱皮博士提出业务流程重组概念。

同时,西方发达国家的政府,特别是美国政府,为适应市场竞争和经济全球一体化的需要提出了政府创新工程,而政府创新工程的核心内容之一就是基于业务流程重组的理念对政务流程进行优化。

3.1.2　BPR 的含义

1. BPR

哈默和钱皮博士对 BPR 的定义是:"对企业的业务流程进行根本性再思考和彻底性再设计,从而获得在成本、质量、服务和速度等方面业绩的戏剧性的改善。"

这个概念的基本内涵是以作业流程为中心,摆脱传统组织分工理论的束缚,提倡面向顾客、组织变通、员工授权及正确运用信息技术,达到适应快速变动的环境的目的。

在哈默与钱皮博士提出的这个定义中,"流程"、"根本性"、"彻底性"和"戏剧性"为 BPR 的 4 个核心内容。

（1）"流程"是系列的特定工作,有一个起点、一个终点,有明确的输入资源和输出成果。例如,以从订单到交货或提供服务的一连串作业活动为着眼点,跨越不同职能与部门的分界线,以整体流程、整体优化的角度来考虑与分析问题,识别流程中的增值和非增值业务活动,剔除非增值活动,重新组合增值活动,优化作业过程,缩短交货周期。

(2)“根本性”就是要突破原有的思维定式,打破固有的管理规范,以回归零点的新观念和思考方式,对现有流程与系统进行综合分析与统筹考虑,避免将思维局限于现有的作业流程、系统结构与知识框架中,以实现目标流程设计得最优。

(3)“彻底性”就是要在“根本性”思考的前提下,摆脱现有系统的束缚,对流程进行设计,从而获取管理思想的重大突破和管理方式的革命性变化。不是在以往基础上的修修补补,而是彻底性的变革,追求问题的根本解决。

(4)“戏剧性”是指通过对流程的根本思考,找到限制企业整体绩效提高的各种环节和因素,通过彻底性的重新设计来降低成本,节约时间,增强企业竞争力,从而使得企业的管理方式与手段、企业的整理运作效果达到一个质的飞跃,体现高效益与高回报。

2. 流程管理

流程管理(Process Management),是一种以规范化地构造端到端的卓越业务流程为中心,以持续地提高组织业务绩效为目的的系统化方法。这个定义中包含了几个关键词:规范化、流程、持续性和系统化。从这个定义可以看出,流程管理思想将原来 BPR 定义中的彻底性、根本性融进了规范化、系统化中;指出组织要从系统(企业或者某个组织)的实际情况出发,进行不同层面的流程的变革:对现有流程进行一定的改进,规范化现有流程,甚至彻底地重新设计业务流程等。同时,流程管理的定义指出,流程管理是一种系统化的方法,是持续的、不断提升的动态过程。流程管理的定义更加强调了流程的重要性,它最终的目标是建立卓越流程。

流程管理的核心是流程,流程管理的本质是构造卓越的业务流程。流程管理保证了流程是面向客户服务的,流程中的活动都应该是增值的活动,从而保证了流程中的每个活动都是经过深思熟虑后的结果,是与流程相互配合的。由此,让员工们意识到他们个人的活动是一个大目标的一个部分,他们的工作都是为了实现为客户服务这个大目标的。当一个流程经过流程管理,被构造成卓越流程后,人们可以始终如一地执行它,管理人员也可以以一种规范的方式对它进行改进。流程管理保证了一个组织的业务流程是经过精心设计的,并且这种设计可以不断地持续下去,使流程本身可以保持永不落伍。可以说,构造卓越的业务流程是流程管理的本质,是流程管理的根本目的。

3. BPR与流程管理的关系

（1）流程管理是BPR理论的改进和发展。BPR的管理思想的提出是革命性的，但它也需要实践的检验，在实践中不断地得到完善。哈默在1990年提出的BPR的定义已经不能完全适应实际企业或政府等单位团体的需求，需要重新审视旧的对BPR管理思想的认识，强化“流程”的观念，弱化原有的“彻底性”、“戏剧性”的提法，提出更务实、更有效的业绩提升的方法。在这个背景下，以“流程”为核心的流程管理的管理理念就应运而生了。

（2）流程管理与BPR管理思想最根本的不同就在于流程管理并不要求对所有的流程进行再造。构造卓越的业务流程并不等于流程再造，而是根据现有流程的具体情况，对流程进行规范化的设计。一般来说，流程管理包含3个层面：

① 规范流程。

② 优化流程。

③ 再造流程。

对于已经比较优秀且符合卓越流程观点的流程，可能原先没有完全规范，可以进行规范的工作；如果流程中有一些问题，存在一些冗余的或消耗成本的环节，可以采用优化流程的方法；对于一些积重难返、完全无法适应现实需要的流程，就需要进行再造了。从这点上看，流程管理的思想不仅包含了BPR，而且比BPR的概念更广泛、更适合现实的需要。

3.2　政务流程、政务流程优化与再造的含义

3.2.1　政务流程的含义

为了更好地解释政务流程的含义，有必要先说明流程的含义。

现今对流程的解释有很多，主要有以下几个有代表性的定义。

（1）流程是系列的特定工作，有一个起点、一个终点，有明确的输入资源与输出成果。

（2）流程是把一个或多个输入转化为对公众有用的输出活动。

（3）流程是跨越时间和地点的、有序的工作活动，有始点，有终点，有明确的输入和输出。

（4）流程是一系列结构化的、可测量的结构的集合，并为特定的市场或公众

产生特定的输出,是一个行为的结构。

(5) 流程是把输入转化为输出的一系列相关活动的结合,它增加输入的价值并创造出对接受者更为有用的、更为有效的输出。

(6) 从操作的观点看,流程是一组密切联系、相互作用的活动,每个流程有内容明确的输入和输出,都有定义明确的开始和结束。流程本质是做事情的方法。

结合上述有关流程的定义,政务流程应是一组相关的、结构化的活动集合,或者说是一系列事件的链条。这些活动集合或链条为特定的公众提供特定的服务或产品,这个流程有起点,有终点,并且有目的。比如,某政府部门制定自己的工作规划,就是要确定一个规范有效的流程,充分体现该部门的职能使命,并使所有的公务员明白各自的工作范围。制定规划的起点是明了组织的内外部环境,终点是为部门和个人设定工作目标,并确定规范化的业务流程,目的是实现某种公共管理和服务。

一个政务流程应具有清晰可辨的输入与输出,输入在流程中增值后转化为输出。一个大流程可以有几个子流程,子流程包含较少的价值链,前一个子流程的输出成为下一个子流程的输入。比如,制定规划流程往往有子流程,这些子流程可以是了解政府机构的内外部环境,找出机构的目标和需要先期完成的子目标,制定战略计划和部门计划,设定部门和个人的目标。子流程与活动的区别在于子流程是若干活动的集合,而活动是在一定条件下不再分解的操作或工作方式。

政务流程有3类:

(1) 面向公众的流程。

(2) 支持流程。

(3) 管理流程。

面向公众的流程为公众提供产品或服务。

支持流程是为内部提供产品、服务和信息的流程。

管理流程则促使面向公众的流程和支持流程有效配合,以符合公众和用户的期望和需要。

3.2.2 政务流程优化与再造的含义

流程再造是指彻底分析流程,并予以重新设计,以满足在各项指标(指标包括质量、反应速度、成本、灵活性及满意度等)上有突破性进展。

对企业而言,市场化要求企业不断优化生产、经营和管理的流程,在竞争中吸引顾客,以获得经济利益而生存。

对政府而言,政府是担当社会公共职能的组织,政府流程的优化与再造是对政府治理的理念、原则和结构、行为等进行大规模的改革,以提高政府的绩效和服务的品质,不是简单的组织精简和结构重组。

政务流程优化常常是在一定的政治环境下,对政务流程进行审视和再思考,在原有流程的基础上通过对原有流程进行清理、简化以及整合,获得政务作业水平的显著提高。

政务流程优化与再造显著的区别在于:优化立足于现有流程,是对现有流程的改进和提高;再造则抛开现有流程,完全面向未来重新设计一个新流程。尽管优化与再造有此区别,但它们都包含了如下几层关键含义。

(1)政务流程优化与再造是一种系统的、综合的改进作业绩效的方法,它不是信息技术的解决方案,也不是细致的流程建模;它需要特别的知识与技能,要回答公众需要什么,用户需要什么,能实现什么,什么将受到影响,变化将在何时发生。

(2)政务流程优化与再造强调工作绩效的显著提高。优化与再造,通常在业绩表现与公众需要存在较大差距的部门发动。从国外的实践看,优化与再造后,政府工作绩效可以提高40%~60%,甚至更多。业绩提高可以体现在提供产品或服务的成本、质量等指标上。优化与再造在工作流、规章制度、工作内容、工作技能、决策制定、组织结构和信息系统等方面带来变化,并通过这些变化带来成本、质量、服务和速度等工作指标上的显著改进。

(3)政务流程优化与再造是在一定政治环境下发生的。即使是再造,纯粹的“完全在一张白纸上重新作画”的方法是难以实现的。不同的政策导向会渗透到政府的各个层次和分支机构,当顶层领导发生变更,新的政策可能妨碍再造计划。此外,与机构运作相关的其他政府部门可能会对机构的再造产生影响。

(4)政务流程优化与再造强调重视公众利益和利益相关者。公众利益是政府决策的中心,政府决策是为了满足他们的需求。公众可以分为3类:第一类是政府的项目、服务或产品的接受者;第二类是公共部门中为社会提供项目、服务或产品的人或单位;第三类是与该机构合作提供项目、服务或产品的其他组织或机构。利益相关者是对项目、服务或产品能产生影响的个人和集团,他们会在政治支持、政策影响和融资等方面很有发言权。

(5)政务流程优化与再造强调根据需要,确定改革的幅度、广度和深度并选择流程优化或再造的层面。改革的幅度、广度和深度以及选择流程优化或再造的层面具体包括以下两个方面。

① 流程优化或再造的幅度、广度和深度。

- 幅度是指流程优化或再造的激烈程度。变动的幅度因组织而不同,有的采用渐进方式,进行局部的流程改进、优化,有的则重新设计工作流程。采取何种方式,需视组织内部结构与各部门关系而定,因此,在评估流程再造成果时,需同时考虑整个组织环境及组织本身应变的能力。
- 广度是指再造的范围,其大小从部门内、部门间到组织之间。
- 深度有两个层面,其中之一是流程再造仅涉及技术与步骤的改变,更深一层是指组织结构与文化的改变与适应。

② 流程优化或再造的层面。流程优化或再造的层面一般可以归结为 4 个层面:

- 组织结构的改革。
- 管理系统的改革。
- 人事管理的改革。
- 信息技术的应用。

3.3 政务流程管理与电子政务

3.3.1 政务流程的确定化

政务流程管理的核心是流程的确定化。确定化的流程的主要作用:一方面是依法治国,这是依法行政所必需的;另一方面是提升政府管理自身的效率和质量,具体表现在以下方面:

(1) 确定化的流程是对工作经验的总结,它可使政务处理过程规范化和优化,有利于政府建立稳定的工作秩序。

(2) 确定化的流程的存在减少了政务处理中的“多余”过程,减少了不必要的协调和尝试,从而省时、省力、省人。

(3) 确定化的流程有利于实现决策的程序化,提高科学决策的水平。

(4) 确定化的流程可以调动一般工作人员的工作积极性,因为它可以使各级各类工作人员在参与具有一定创造性的工作活动中,满足创造欲望。

(5) 确定化的流程的存在还有利于监督,因为它可以减少政务处理中政府工作人员对自由裁量权的滥用。

（6）确定化的流程有利于以更有效的方式培训工作人员，因为程序可作为培训的标准教材。

（7）确定化的流程可以为工作过程注入一种有益的压力，为此，它将十分有利于减少工作中因责任不清、关系不明、去向不定、时限不确、标准不细、方法不合理而造成的时间延误和其他各种错漏。

（8）确定化的流程可以为社会正义确立保证。社会公众普遍要求政府公平合理地处理事务，保障法律所赋予的权利利益，管理程序可保证这种实体权益能得以实现。即使政府管理不能实现绝对的实体公平，确定化的流程也可以保证程序上的公平，至少保证公共事务在情况相同、条件相同时，能得到相同的处理，有相同的处理结果。

（9）确定化的流程可以规范政府的行为，促进政府公平、公正、公开依法行政。政府机关要想真正实践为人民服务的宗旨，加强勤政、廉政建设，就要规范自己的行为，抑制自由裁量权的滥用。确定化的流程的重要功能之一，就是可以对自由裁量权加以限制，规范机关工作人员的各种工作行为，抑制腐败，避免公务人员以权谋私。

（10）确定化的流程使政府机关工作人员依法行使职权有了可操作的依据，使事权更加明确，责任更加清楚，使合法权益也得到维护。

3.3.2　确定化的流程是电子政务系统实现的基础

特别需要指出的是，电子政务系统建设需要以确定化的流程作为自己存在和健康发展的前提条件之一。

（1）只有确定化流程的存在，才有信息技术的应用空间。就目前的技术水平而言，现代信息技术在政府管理领域能替代人做的事情，主要还是那些不需要做复杂判断的重复性的工作。要使这种替代成为现实，就需要使这些工作高度流程化，也就是形成非常系统而精细的管理程序。如果没有这样的管理程序，计算机软件程序的设计也就失去了根据。试想，连我们自己都不知道在什么时候、为什么、根据什么、具体做什么和怎么做，计算机软件程序设计者又如何设计计算机的运算呢？一概都是不知道、不了解、不知晓，我们又怎能指望没有思想的机器代替我们做什么呢？

（2）只有确定化流程的存在，电子政务才能产生真正的效益。这其中的道理也非常简单，现代化的信息系统几乎没有例外，都是面向流程的，而不是面向职能部门的。信息系统是通过信息流，通过对信息流的控制来实现对工作流的控制，进而实现对价值流的控制，实现管理目标的。建立信息系统以后，有了统一的数据库，数据可以共享，信息传递和处理的速度加快，对于过去需要经过几个职能部门完成的工作，可能一次就同时完成了。如果不尊重流程的存在，不在科学分析的基础上对流程进行设计并予以确定化，继续人为地按职能部门对信息流进行分割，将难以避免"少慢差费"，电子政务应当带来的效益很可能会被其抵消得荡然无存。因此，许多人都认为，在一定意义上，电子政务就是要以信息技术的应用，推动政府创建、优化自身的流程。因此，推行电子政务的过程，实际上就是一个政府梳理、优化流程的过程，一个使这些流程确定化的过程，一个使确定化的流程电子化的过程。

电子政务可以说就是一种基于流程的政府管理形态，因此电子政务需要流程，没有流程也就没有电子政务。

3.3.3 政务流程的属性与种类

1. 政务流程的属性

政务流程具有一系列特殊的属性，这些属性对电子政务系统建设具有指导性意义。政务流程的主要属性如下：

(1) 约束性。政务流程必须严格以法律法规为依据。政府行为与过程的流程必然接受来自社会诸多方面的约束，特别是来自法律法规的约束。

(2) 确定性。政务流程必须由政府机关甚至立法机构制定。政府机关要明确规定流程，机关工作人员必须严格执行流程。

(3) 稳定性。政务流程是对政府工作规律的反映，它必须保持在一定时间上的稳定和有效。

(4) 可操作性。政务流程必须明确、具体及可行。不明确、不具体和不可行的流程比没有流程还有害。

2. 政务流程的种类

依照不同的标准，政务流程可以被划分为若干种类。

(1) 依照其法定的效用，政务流程可分为强制性与选择性两种。

① 强制性流程是在实施工作行为时不可以自主选择的流程，必须不折不扣地

执行,不得增减改易。违者将构成违法,有关行为将无效并被制裁。

② 选择性流程即任意性流程,是在实施工作行为过程中具有一定选择余地的流程。政府机关可根据实际情况选择是否实施,在何范围内实施。一经确定实施,有关工作人员必须执行。在实施过程中,若有不适当行使自由裁量权的行为,将构成程序不当。

(2) 依照其效力范围,可分为内部流程与外部流程两种。

① 内部流程是只涉及机关或系统内部的工作行为(处置内部事务)的流程。

② 外部流程是涉及机关或系统外部的工作行为(直接处置社会公共事务)的流程。

(3) 依照工作行为的性质,可分为立法性、执法性和司法性流程 3 种。

① 立法性流程是政府机关针对制定法规规章和其他规范性文件而建立和实施的流程。

② 执法性流程是政府机关针对法律、法规、规章和其他规范性文件的执行而建立和实施的流程。

③ 司法性流程是政府机关针对特定司法权的行使而建立和实施的流程。

(4) 依照其精细的程度,可分为一般流程、作业流程和动作流程 3 种。

① 一般流程是针对工作活动过程的环节构成制定的流程,如系统流程活动流程等。其主要特点是相对概括,大都规范有关的关系、位置、次序和方向等。

② 作业流程是针对工作活动过程中的各项操作制定的流程,比一般流程精细,除一般流程规范的内容外,还涉及具体步骤、手续、方法、时间、距离和有关标准等。

③ 动作流程是针对工作活动中工作人员的有关动作制定的流程。这种流程最为精细,甚至细致到操作者手、脚、眼的每一种变化。这种流程主要适用于体力劳动占较大比重的工作过程。

(5) 依照工作内容性质,可分为文件流程、档案流程、会议流程、信访流程、基建管理流程、物材采购供应流程和服务流程等。

(6) 依照各步骤运行的路线形式,可分为串联型、并联型和复合型流程 3 种。

① 串联型又称连续型,是步骤间依时间顺序直线递进的流程。

② 并联型又称平行型,是可同时完成若干个步骤的流程。

③ 复合型又称平行连续型,是一部分步骤依时序递进,另一部分步骤同时完成的流程。

本章小结

本章介绍了BPR、流程管理等基础概念，并将这些概念引入到政务流程管理中，探讨了政务流程优化与再造的含义。通过本章的学习，读者应了解什么是政务流程的优化与再造，并体会确定化的流程对于电子政务系统所具有的意义。

第4章 “一站式”电子政务办公服务系统

内容提要

本章重点介绍了“一站式”电子政务办公服务系统的框架结构、核心模块，并通过实际案例说明了“一站式”电子政务办公服务系统所应具备的基本功能。

本章重点

- 了解什么是“一站式”电子政务办公服务系统。
- 理解“一站式“电子政务办公服务系统的框架结构。
- 了解什么是外网、内网，二者在功能上的区别。

一般来讲,电子政务应用系统是指 G to G、G to B、G to C、G to E 等模式下各种类型的电子政务系统,通常包括:

(1) 办公自动化系统。

(2) 决策支持系统。

(3) 知识管理系统。

上述系统若构建在统一的网络服务平台上,并以网络门户的形式对外提供服务,这样的系统就可称为"一站式"电子政务办公服务系统。因此,"一站式"电子政务办公服务系统可以包括办公自动化系统、决策支持系统和知识管理系统等。当今,从政务管理的理念上讲,"一站式"电子政务办公服务系统是电子政务系统的应用业务层建设的方向。

4.1 "一站式"电子政务办公服务系统的框架结构

顾名思义,"一站式"电子政务办公服务一方面可使企业办事者、民众办事简单快捷,不需要在政府部门间来回跑动,通过系统提供的统一入口的服务平台,一站式得到全程电子政务服务;另一方面还可使政府公务员无需在不同信息系统中反复进出办公,从而得到"一站式"电子政务办公服务办公,提高办公效率。

"一站式"电子政务办公服务系统框架的总体描述如图 4.1 所示。

"一站式"电子政务办公服务架构,主要针对公众用户和政务专网用户分别提供接入和工作流引擎、通用电子政务构件、个性化管理以及服务集成等基本的功能,这两部分用户之间可以通过可信信息交换模块来完成信息的安全交换功能,以满足目前对于电子政务内网敏感信息的安全保密要求。

"一站式"电子政务办公服务系统中的接入平台提供了对多种接入方式的支持功能。除了传统的互联网和政务专网接入、电信公网拨号接入方式外,还可以对无线接入方式以及 PDA 等多接入终端提供支持。国家电子政务建设的目标是实现第三代的电子政务,需要面向全社会提供"一站式"电子政务办公服务的智能化电子政务服务。因而面对差异性十分显著的最终用户群体,提供个性化的服务和多样化的接入手段已经成为整个电子政务建设成败的关键因素之一。其中,无线接入的 PDA 将作为整个电子政务建设工程中的一种典型的多用途、非 PC 的简易操作终端,它将与常规的计算机一起来满足不同层次用户的需求。无线接入 PDA 内置硬件密码运算设备和安全存储设备,可以完成与"一站式"电子政务服务架构的可信交互,可以方便地完成电子政务服务的信息处理,而 PDA 的移动特性

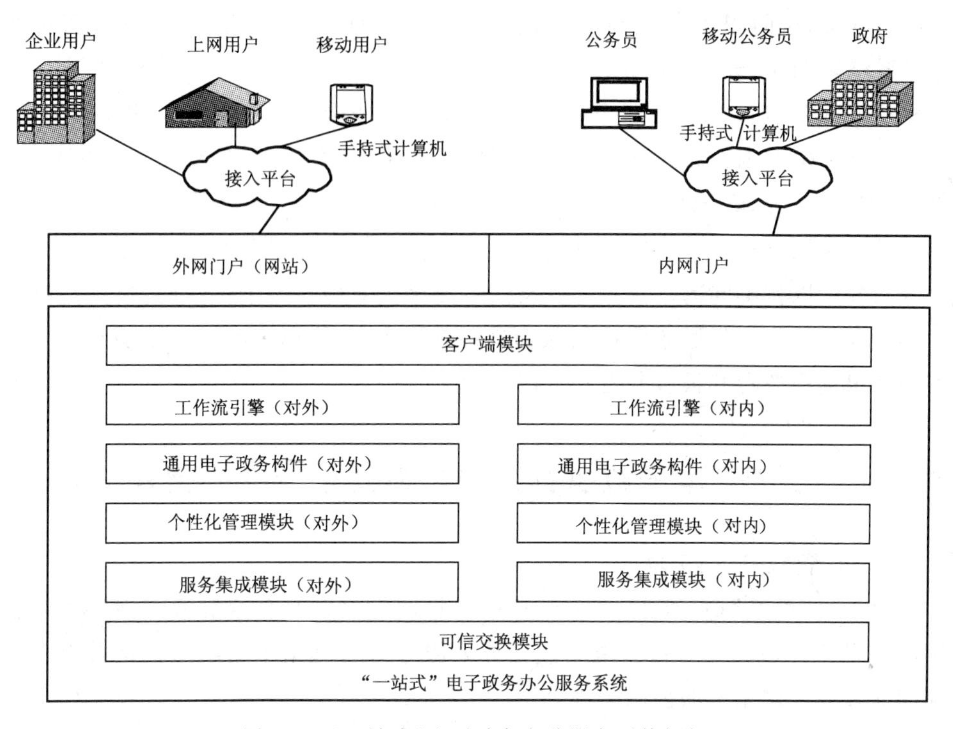

图 4.1 “一站式”电子政务办公服务系统框架

又进一步增加了使用电子政务服务的灵活性。

“一站式”电子政务办公服务系统中的工作流引擎主要面向跨政府部门的广义电子政务工作流服务，可以在不同的政府部门之间进行工作流和信息流的调度、控制，并针对电子政务服务的特殊需求重点增强了对工作流程环节的监管能力，可以提供对电子政务服务的督办和催办功能。各相关政府部门所提供的电子政务服务模块则采用“一站式”电子政务办公服务架构所提供的统一接口标准进行封装，并通过服务集成模块方便地与工作流引擎对接，使这些服务模块成为分布式的“一站式”电子政务办公服务系统的一个有机功能模块。另外，“一站式”电子政务办公服务架构所提供的多接入方式和多接入终端支持也将“一站式”电子政务服务的范围扩大到了尽可能大的用户群体。

根据系统整体计算结构的特点，在上述的“一站式”电子政务办公服务系统中，各政府部门所提供的政务服务系统的地位应该是对等的，即工商、税务、财政和社保等电子政务服务系统都是作为“一站式”电子政务服务架构上加载和运行的电子政务服务模块，各模块接受“一站式”电子政务服务架构中的工作流引擎的调度与管理,从而相互协同工作,共同构成一系列具体的"一站式"电子政务办公服务系统。例如,金融服务系统将作为整个"一站式"电子政务服务架构与金融服务机构之间的统一操作接口,以简化其他电子政务服务模块中有关功能的实现。第三方公证机构则作为独立于上述各政务业务系统的一个可信的第三方机构,提供"一站式"电子政务服务中所涉及到的纠纷仲裁和责任认定等问题。

可以采用由基础设施层提供的统一的信任服务,上述"一站式"电子政务办公服务系统可以在不同的政府部门以及社会公众之间构建一个统一的信任结构(基于自然人和机构信任服务体系),从而确保在"一站式"电子政务办公服务过程中唯一地识别服务者和被服务者的具体身份。

4.2 "一站式"电子政务办公服务系统框架核心模块描述

1. 可信信息交换模块

由于"一站式"电子政务办公服务架构将同时为社会公众和政务专网用户提供政务服务,因此,"一站式"电子政务办公服务系统框架平台包括面向社会公众和面向政务专网用户服务两个部分。

由于电子政务的公众服务系统客观上需要与内部的政务业务系统之间进行数据交换,以实现政务服务请求的转入和服务结果的反馈,因此,在"一站式"电子政务办公服务系统框架中提供了可信信息交换模块,专门在对外(公众)服务和对内(政务)服务两个部分之间进行安全的、双向的数据交换。

可信信息交换模块由一个中间层的数据共享介质和两个分别连接到对外和对内服务模块的电子开关共同构成。中间的数据共享介质仅提供数据交换功能,而不提供代码交换功能。对于通过共享数据介质交换的政务业务数据中的敏感部分,还可以通过底层的安全机制提供机密性、完整性以及抗抵赖性的保证。

2. 工作流引擎

工作流引擎是"一站式"电子政务办公服务系统框架中对各政务业务系统所提供的政务服务进行协调和统一调度的功能模块。由于"一站式"电子政务办公服务所提供的是一种融合的大政务服务,因此,对跨政府部门的工作流进行支持将是"一站式"电子政务办公服务系统框架的基本要求。

下面介绍工作流引擎提供的主要功能。

(1) 异构计算环境下的广义工作流支持功能:负责在有关的政务业务系统所

提供的服务模块之间维持一个统一的广义工作流对象,并根据该工作流对象的工作流程模型,通过事件响应机制在这些服务模块之间完成工作任务的调度,以及与之相对应的信息流的驱动。由于政务服务的特殊要求,工作流引擎还需要对工作流的实际调度执行情况进行详细的可信日志记录,以便实现对政务服务的催办和督办功能。

(2) 工作流的授权支持功能：工作流引擎还将通过底层的授权服务实现对工作流的动态调度,业务管理员可以通过管理操作灵活地改变工作流向。

(3) 单点登录支持功能：主要是对工作流中每个服务环节的用户登录和配置信息进行统一的管理,以便用户通过单点的系统登录即可自动完成后续的整个“一站式”电子政务办公服务流程。

3. 通用电子政务构件

对于“一站式”服务而言,每个政务业务系统所提供的服务中都有许多通用的功能模块。如果这些功能模块在各个业务系统中重复实现,不仅会造成资源的浪费,而且也很难保证实现的正确性与一致性。因此,理想的解决方案是在“一站式”框架中统一实现这些通用的政务业务构件模块。

通用的政务业务构件主要是在可信 Web Service 的基础上实现,主要包括以下功能。

(1) 用户身份认证功能：主要支持基于公钥证书(PKC)认证的高强度身份认证机制,认证功能的实现需要与客户端模块的证书管理功能和基础密码运算功能相结合。

(2) 应用操作授权功能：主要支持基于属性证书(AC)的应用操作授权功能,授权计算的实现需要客户端模块的证书管理功能的支持,并应提供对多授权模型的支持。

(3) 安全数据交换功能：主要提供对通用政务数据的安全交换功能,提供对目标数据的机密性、完整性保护,并提供对数据交换过程的抗抵赖性保证。

(4) 可信日志功能：主要提供系统级的可信日志功能,为“一站式”电子政务办公服务系统框架的运行轨迹记录提供支持,记录的日志信息通过安全机制加以保护。

(5) 系统配置管理功能：主要提供系统级的配置管理功能,可以提供对配置信息的安全存储、有效性验证等操作支持。

4. 个性化管理模块

作为面向大规模应用的"一站式"电子政务办公服务,由于所面临的客户群体具有较大的差异性,因此,必须提供个性化的服务功能,允许用户根据自己的偏好来定制所需的政务服务。

个性化管理模块所提供的功能主要包括以下内容。

(1) 用户服务定制功能:允许用户根据自己的偏好,对"一站式"电子政务办公服务系统框架提供的服务界面的风格进行个性化定制,并允许用户根据实际的需要,对个人主页上的信息栏目进行灵活的定制,从而为每个最终用户提供更友好、更贴近实际应用需求的政务服务。

(2) 基于客户关系管理的服务定制功能:在基本的用户服务定制功能的基础上,还可以进一步针对客户关系管理功能,将用户对政务服务的使用情况进行分析,并在此基础上对用户进行分类化的管理,并提供相应的等级化的区分服务。

5. 服务集成模块

该模块主要是在"一站式"电子政务办公服务系统框架的层次上提供进一步的应用服务整合与集成支持功能。

服务集成模块提供的功能主要包括以下内容。

(1) 跨计算平台的接口功能:"一站式"电子政务办公服务系统框架能够通过服务集成模块对 C/S、B/S 以及非可信 Web Service 等多种类型的计算平台提供集成式的支持,提供更广泛的异构计算平台的资源整合功能。

(2) 集成的安全机制:"一站式"电子政务办公服务系统框架通过服务集成模块能够实现安全机制的嵌入,从而确保集成的应用服务能够得到全面、有效、一致的安全保障。

(3) 单点登录支持功能:"一站式"电子政务办公服务系统框架通过服务集成模块能够提供单点登录支持,实现对各个政务站点登录用的证书管理及配置管理。

6. 客户端模块

客户端模块是"一站式"电子政务办公服务系统框架的客户端支持模块。由于整个"一站式"电子政务办公服务系统都是建立在 Web 平台上的,因此,客户端主要是一个通用的浏览器,而且客户端模块主要是以插件的形式工作的。

客户端模块提供的功能主要包括以下内容。

(1) 证书管理功能:“一站式”电子政务办公服务系统框架通过客户端模块能够提供用户证书的下载、管理和验证等,为用户享用信任服务和授权服务提供支持。

(2) 安全功能支持:“一站式”电子政务办公服务系统框架通过客户端模块能够对用户公钥证书的硬件载体及其软件环境提供安全功能支持,保护用户的私钥不被破译,从根本上保证用户的信息安全。

(3) 可信 XML 数据的解释与显示功能:“一站式”电子政务办公服务系统框架通过客户端模块能够提供可信 XML 数据的解释与显示,通过 Internet 浏览器享用政务服务。

(4) 会话功能支持:“一站式”电子政务办公服务系统框架通过客户端模块能够提供会话功能,实现用户与“一站式”电子政务办公服务系统框架站点的人机会话。

(5) 用户界面定制功能:“一站式”电子政务办公服务系统框架通过客户端模块能够提供用户定制功能,用户可以使用站点个性化工具直观地修改站点风格,使之符合自己的个性需求。

4.3 “一站式”电子政务办公服务系统的功能举例

1. 登录及单向互动功能

1) 用户管理

企业和社会公众用户在使用网上申请系统之前,必须通过注册登记程序,获得有效的用户身份,才能够进行各项申请。

2) 提交申请

当用户登录后,用户可以通过树形结构快速找到要进行审批申请的项目,了解该项目所需提交的材料和办事流程,并可建立“新申请”,然后按系统要求填写相关信息或提交必要的材料,提交申请。

(1) 审批项目查询:以树形列表、关键字查询等方式,方便用户快速找到所要申请的项目。

(2) 申报项目填写:按不同审批项目的要求,用户在网上填写必要的信息,提交相关材料。

(3) 查询申报状态:查看申报项目当前的处理情况和已有的处理结果。用户也可能被要求提供进一步的材料。

3）咨询下载

为了方便用户办事，用户可查询到各类法规、规定、程序和通告，主要包括以下内容。

（1）政策法规：有关的政策法规、法律文本。

（2）办事指南：各个政府机构的办事职能和办事程序。

（3）网上咨询：常见的问题和解答。

（4）表格下载：各种申请事项所需提交的表格的样本。

（5）最新通告：有关各类申请事项和相关政府机构的最新通告。

2. 内部事项审批功能

事项审批功能模块服务于政府各部门相关工作人员，实现政府内各部门的事项审批过程，其功能如下所述。

1）事项审批的设计和定义

通过工作流引擎等模块设计工具，定义或修改审批事项模板。这一功能主要提供给系统管理员及各办事部门的管理人员，用于更改流程、更改申报材料或建立新的审批事项。

（1）事项信息管理：管理审批事项的基本信息。

（2）事项表单定义：通过图形化的方式，定义事项表单和文档模板。

（3）事项流程定义：通过图形化的方式，定义事项审批的流程，确定各项任务、执行各项任务的角色以及各项任务的动作，设置分支流程的条件。

（4）事项权限设置：设置对审批事项具有操作、查询和查看权限的用户。

（5）工作流定制：在线设计审批事项表单格式模板；在线设计审批流程，指定任务（节点）、角色（目标）和动作（处理方式）。

通过工作流模板的定制，结合系统安全平台提供的用户、角色和权限功能，能够快速实现各种类型的审批流程。无论是互联审批，还是具有复杂分支条件的审批流程，都能够直观、快速地实现。

2）集中式事项审批

企业和社会公众在网上提交事项审批申请后，登录到内部门户网站的相关政府办事人员就会在“一站式”电子政务办公服务系统的“待办事项”中看到该申请及申报材料，并能做相应的处理。

（1）工作桌面：在工作桌面上，政府各部门的相关办事人员可以快速查看与自己相关的办公信息，包括“待办事项”、“近期已办事项”、“委托事项”、“监督事项”和“工作统计”等。工作桌面上列出了各个事项的申请人、事项类别、处理状态、当前步骤、到达时间、处理期限、期限警告和完成时间等信息。

（2）任务处理：接收到审批任务的政府公务员，查看申报材料、查看已有的处理结果，填写审批意见和相关信息后提交。事项被提交后，将根据预先设定的流程，进入下一级审批环节；如果已经处理完成，将自动被设置为“完成”状态。

（3）承诺件处理：接收到承诺件后，政府公务员可直接办理，并将办理结果反馈到公众门户网站的“一站式”电子政务办公服务系统平台。

（4）自动处理：通过预先设定的规则，进行自动的任务处理，如超时处理、自动回复、自动驳回等。

（5）任务提醒：对接收到审批任务的政府公务员发出任务提醒。

（6）催办处理：当任务的等候时间超过预设值，将自动提醒政府公务员加快办理。

（7）工作委托：允许政府公务员将自己的审批任务委托他人办理，可设置委托时间，可在任意时间内取消委托。

（8）收费管理：包括收费确认、支票确认、查询统计和收费项目设置等，其中查询统计分为财政与非财政两种情况。

（9）过程查询：各级政府公务员可随时查询事项的审批情况，了解当前步骤和状态。

3）分布式事项审批

企业和社会公众在网上提交事项审批申请后，在“一站式”电子政务办公服务系统平台上拥有业务系统的政府部门能够直接接收到由应用支撑系统传递过来的审批事项。分布式事项审批功能由政府部门已有的业务办公系统实现，但必须能够通过“一站式”电子政务办公服务系统平台交换事项信息和审批状态数据。

4）审批项目的归档和查询

完成审批的申报事项，将自动进入归档数据库。具有相应授权的人员能够方便、灵活地查询历史事项，按各种方式查询、排序和筛选。

（1）审批结束自动归档。

（2）可按申请人、申请部门、申请时间、申请名称和传阅类型等信息进行查询。

5）审批项目的工作统计

(1) 日常工作统计。办事人员可以统计自己的日常事项审批情况,上级领导也可以查看下级办事人员的工作情况。日常工作统计包括办件汇总统计报表、各单位办件统计报表、各单位办件明细报表和各办件分析图示等。

(2) 对申报信息进行汇总统计。根据企业提交的申报资料,可以进行深入的汇总统计,得出各项业务分析报告。

6) 事项查询

事项查询系统的主要功能是,在"一站式"电子政务办公服务系统平台上将事项审批状态或结果返回到事项申请用户,其功能如下所述。

(1) 审批结果查询:用户注册到"一站式"电子政务办公服务系统平台,随时查询事项的审批状态或审批结果。

(2) 审批结果通知:通过电子邮件等方式,事项申请用户可及时了解所申请事项的审批结果。

7) 领导监管和决策支持

领导监管和决策支持功能模块可以服务于政府各级业务领导,实现领导对审批事项结果的查询和对审批事项的各种工作统计表的查询,其功能如下所述。

(1) 审批情况查询:业务领导通过门户网站对事项审批结果进行查询,能够及时了解事项的审批情况。

(2) 审批工作量查询:业务领导能够通过网上查询,及时了解各部门网上审批工作的工作量。

(3) 工作人员办公效率统计分析:通过对各个环节的实际处理时间、与处理期限比较等信息进行汇总,可以了解在各个审批事项中,哪个审批环节压力最大或效率最低,从而了解办事过程、效率和资源配置问题,以便于改进和提高政府工作效率。

(4) 对审批操作进行违规统计:对各个环节的违规操作信息进行统计。

(5) 对申报信息进行汇总统计:根据企业或社会公众提交的申报资料,可以进行深入的汇总统计,得出各项业务分析报告。

3. 单点登录系统功能(SSO)

单点登录系统实现的功能如下所述。

1) 身份验证

身份验证是权限控制的基础。政务门户平台 SSO 可提供对客户和服务方双向身份的验证，一般采用的是SSL的握手协议与Kerberos身份认证协议相结合的方式。

2）集中的权限控制

集中的权限控制摆脱了以往复杂烦琐的权限分配方式，实现了基于角色的权限管理模型。

3）数据保密和数据完整性

可根据用户需求选用多种密码算法，以防止网上传输的数据被修改、删除、插入、替换或重发，保证合法用户接收和使用数据的真实性。

4）完整的审计和日志

通过政务门户平台SSO，用户必须从唯一的入口通过单一的身份来登录所有应用系统，因此在用户的登录入口处可以集中进行审计记录。这种审计记录是基于用户身份的，它可以准确地记录用户对资源访问的详细情况，为抗否认性提供了依据，并可实现完善的审计服务和管理。

政务门户平台可使用户一次登录，自动访问所有授权的应用软件系统，无需记忆多种登录过程、ID或口令，从而提高整体安全性。这个强有力的解决方案能及时访问最终用户执行任务所需的资源，从而提高生产效率。

4.4 外网门户设计举例

本节以某市高新技术开发区（以下简称“高新区）外网网站（以下简称“外网”）设计为例，进一步阐述表现层中的外网的设计思路和功能。

4.4.1 外网设计目标

高新区门户网站内容及功能将以政府业务流为主线，以用户为中心，按公众、企业和外来投资者等不同的服务对象，从用户需求及政府提供的公共服务角度出发进行设计，实现多功能、全天候、“一站式”、“一网式”服务的高新区政府门户网站。

根据高新区经济发展需要，高新区门户网站在“数字园区”中作用重大，主要应当具有以下职能。

（1）政府门户。社会与高新区联系的网上通道。

（2）“一站式”服务窗口。高新区对社会提供服务。

（3）“数字园区”形象展示。人才、科技、企业和产品等。

（4）新闻中心。有关地方、政府和经济的最新重要资讯。

（5）政务公开。园区业务办理的公告发布。

(6) 网上办公的场所。办理各类审批、备案、核准等事项。

(7) 社区服务。提供技术、产品、司法、银行、培训和企业门户等系列服务。

(8) 交流园地。发表评论、谈讨问题。

(9) 培训中心。接受有关知识、技能教育。

(10) 信息检索。查找相关信息。

(11) 信息交换。把用户提交的信息传入政府业务网,并将结果返回。

(12) 7×24 小时服务。

(13) 信息方便、快速发布。

(14) 网络、信息安全。保障系统正常运行。

(15) 多语种。面向全世界。

4.4.2 外网技术目标

1. 可以自由定制网站框架风格

对网站框架能根据需要随时做修改、定制。

框架设计能满足如下要求:

(1) 根据需要选择和设置网站风格模板。

(2) 根据需要定制总框架。

可以任意调整、修改各个小框架。

2. 可以任意定制功能模块

由于现实需求的不断变化,导致要求出现新的功能,或需要更新、废止原有的功能,应满足如下要求:

(1) 可以随时方便快捷地添加新功能模块。

(2) 可以随时方便快捷地修改、更新旧功能模块。

(3) 可以随时方便快捷地废除、停止旧功能模块。

3. 可以动态发布信息

政府有大量的信息需要发布,如果采用原始的静态发布,则工作量大,修改困难,容易出错。所以,需要对信息进行动态的处理。应能满足如下要求:

(1) 能及时、准确地发布新信息。

(2) 能及时、准确地修改、更新、删除旧信息。

（3）能安全、方便地导出、存储旧信息。

4．审批信息发布内容

信息分散发布带来内容审核的问题，应对发布的信息进行审查，避免出现不利影响。各部门准备发布的信息在经过审批后，才能对外发布。

5．外网、政务网统一的发布系统

为了便于使用和管理，公众互联网、政务外网拟采用一套信息发布系统，根据需要、权限和保密程度，选择在不同的信息平台上发布。

6．企业网上上报数据

管理人员可以根据需要定制企业上报的数据表单，并对企业上报的数据进行整理、归纳、统计和查询，并动态发布结果。

7．角色权限管理的丰富与完善

丰富的角色、权限管理是指针对不同的用户定义不同的浏览或管理网站的权限，从而使网站易于管理，用户应分成以下3种情况：

（1）普通用户。普通用户是指除系统管理员以外，使用网站的人员。他们拥有浏览网站信息，使用网站提供的功能，查询其感兴趣的信息的权限。

（2）政府特定工作人员。政府特定工作人员是指在各部门指定工作人员承担涉及本部门内容的信息的管理和动态更新发布，他们所拥有的权限受控于网站的整体角色管理和授权，可以承担部分网站维护的工作（主要是负责本部门信息和数据的更新、发布）。

（3）网站管理员。网站管理员是指负责网站维护、信息发布和网站管理的工作人员。根据需要，网站管理人员分成编辑员、审核员和管理员，他们拥有不同的权限，负责不同的事务。根据实际情况的变化，可以增加或减少管理员级次。目的是分工明确，权限明确，方便维护、管理。

8．数据库结构简捷、合理

数据库结构要简单、快捷、合理，即数据库要符合政府网站信息量大且更新快，功能栏目多且杂的特点，能使网站稳定、流畅地运转。

9．数据远程管理

实现数据库系统的远程管理功能，网站管理员可远程对数据库进行管理工作。

10. 数据交换安全、高效

门户网站的数据交换应能采用内外网各种安全隔离措施，通过建立在电子政务平台上的数据交换中心来完成数据的交换和共享使用。

11. 实现网站多语种版的支持功能

为满足国际化的要求，网站提供多语种版的支持功能，可以根据需要增添或减少一个或几个语种的版本，并能实现简、繁体的自动转换。

12. 实现调查问卷的后台定制

实现调查问卷类型的随意定制，如单选型、多选型、混合型等问卷类型；实现调查题目的定制；实现调查问卷发布位置的定制。

13. 实现网上订阅

实现对企业、投资者、政府各级领导、政府工作人员等多种需求的电子邮件列表和定制功能，可以由个人定制所感兴趣的内容，通过邮件系统自动即时和定期发送到本人或部门邮箱，实现信息的即时获取。

14. 实现网站访问流量的实时监测功能

网站管理员可随时了解到网站的运行状况，如各栏目各页面的访问量、各时段内各页面的访问量、访问者来源、网站访问热点等。

15. 实现服务器系统的远程管理功能

实现服务器系统的远程管理功能，能够使系统管理员足不出户就可完成对于服务器系统的远程管理。

4.4.3 外网总体架构

根据高新区外网（网站）的建设背景及目标用户群的基本要求，将高新区外网的总体功能定为5个方面：高新区宣传平台、政务公开和服务平台、中小企业信息化服务平台、社区服务信息平台和产业园区之窗。高新区外网（网站）总体架构如图4.2所示。

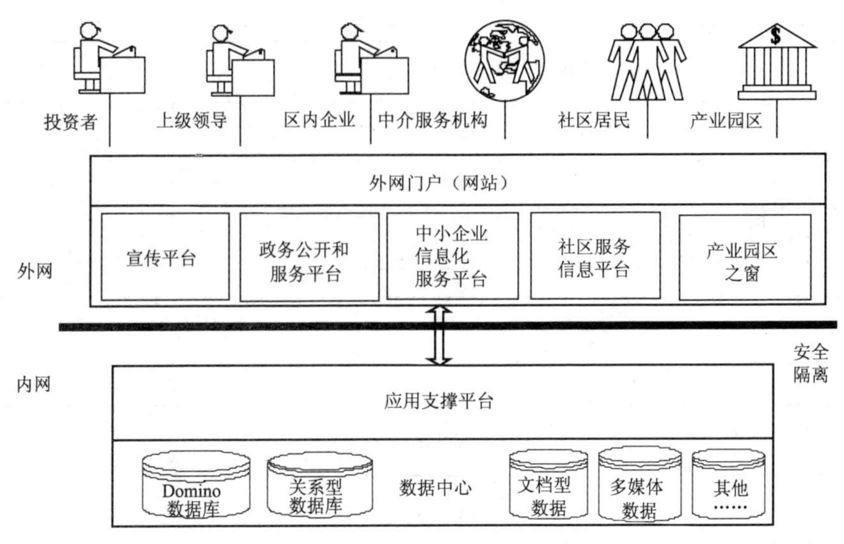

图 4.2 高新区外网(网站)总体架构

4.4.4 外网详细结构

在高新区的网站上有招商引资信息、企业筹建服务、运营服务、政务信息发布、新闻信息发布、多媒体数据展示、三维形象数据展示等多个类型的内容和频道,结构设计是否合理将直接导致用户是否能够迅速地找到自己所感兴趣的信息和资料,是否能够迅速准确地进行网上定位和查找,是否能以更为简洁的页面提供更多数据和信息。因此在网站的结构设计上要遵循风格简洁、频道栏目设置合理、数据信息定位准确、重点与非重点相区别的原则,为企业、投资者和工作人员提供一个完善的符合高新区特色政府门户网站。图 4.3 所示是高新区外网(网站)提供的功能。

高新区互联网门户网站的外观设计要能够充分体现高新技术的风格和开发区的特点,为开发区政策宣传、政务公开、全民参政、社会监督、信息互通、网上办公、电子商务等现代化政务活动创造条件,特别是要突出高新区独特的地理位置和管理模式的特色;在网站的配色和页面搭配上要能够体现网站简洁明了、方便快捷、使用方便的特点,网站有很强的视觉冲击力,体现“庄重而又不呆板、新颖而又不娇艳、灵活而又不零乱”的特点,能够迅速地吸引用户的目光,并能够在用户心理上产生一种使用的欲望,在用户的记忆中产生一定的记忆深度。这样,就达到了在网站外观设计上的目的,因为外观是吸引用户的第一要素,若外观设计得不合理,就很难让用户产生使用的动力,后面的功能和模块设计得再合理,数据和信息再丰富,也都不能达到令人满意的效果。

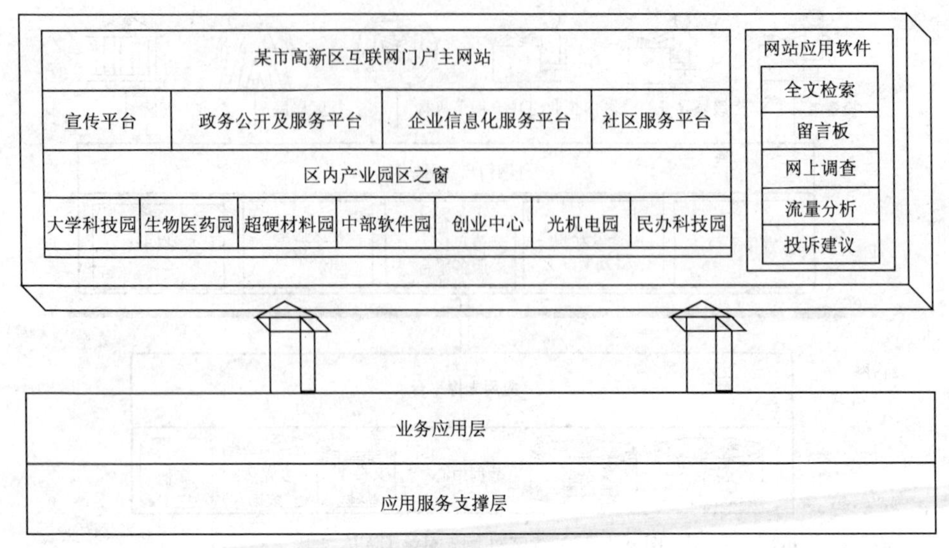

图 4.3 高新区外网(网站)提供的功能

4.4.5 系统管理功能模型

按照人员的不同,结构、功能栏目、内容、权限都由管理员后台定制。图 4.4 所示是高新区网站的系统管理功能模型。

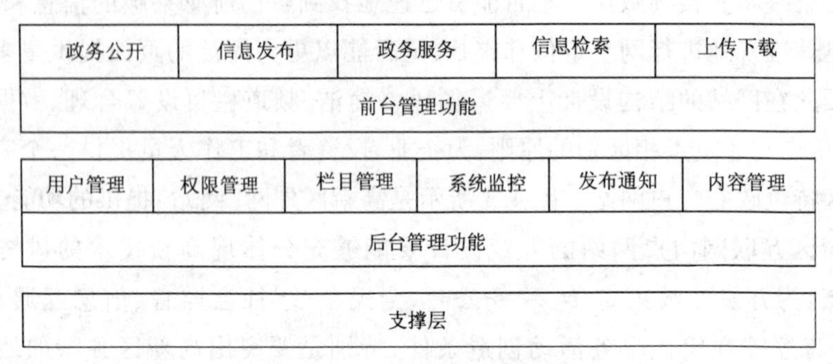

图 4.4 系统管理功能模型

4.5 内网门户设计举例

4.5.1 高新区内网门户的设计目标

政务内网门户提供园区工作人员进入业务系统进行网上办公的环境,同时具有面向政务网内所有用户的信息发布的职能。内网门户面向的用户群体包括管委会下属各单位的工作人员、相关领导和监察人员等,同时内网门户还提供与政务网上其他政府部门网站的应用接口。

用户通过统一的登录入口实现单点登录,系统根据用户的权限为其定制个人工作台,在用户未登录前对内网门户进行访问时,只能查看一些公共的信息资源,而无权使用内部业务及办公系统。

高新区内网门户设计主要实现以下几个方面的目标:

(1) 内部信息沟通交流服务平台。

(2) 以高新区管委目标任务为核心的内部管理平台。

(3) 复合文档及多媒体数据管理平台。

(4) 业务管理信息平台。

(5) 内部信息资源服务平台。

4.5.2 高新区内网门户总体架构

高新区内网门户总体架构如图4.5所示。

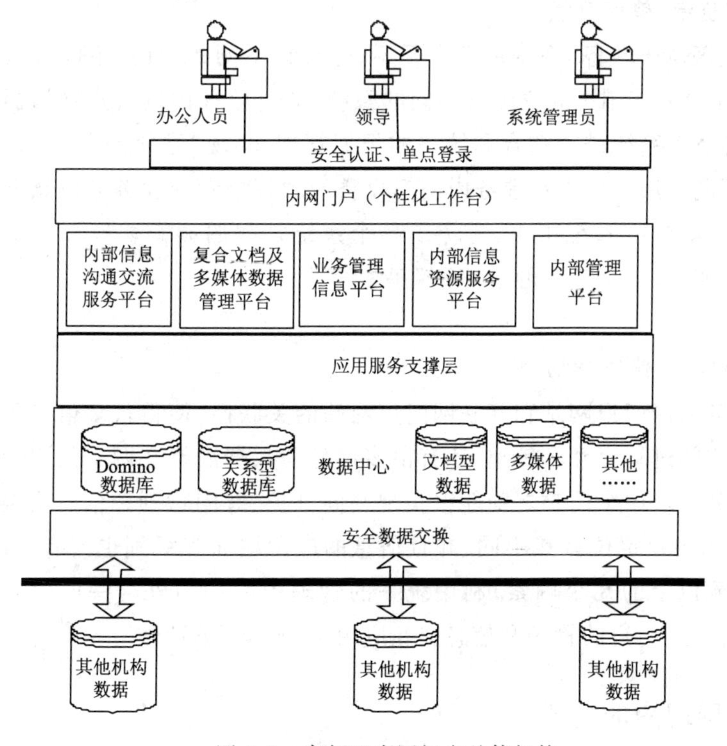

图4.5 高新区内网门户总体架构

4.5.3 内网门户功能及特点

1. 信息数据收集、使用

通过内网门户网站，政府各级工作人员和各级领导可以随时了解到各种参考信息和综合数据，在这里，有些信息和数据是通过信息采编系统直接编辑进入，如各种新闻报道、各类电子刊物、政府机构设置、办事人员、办事程序等；有些信息和数据是通过办公系统获得的，如文件摘编、督察通报；还有大量的信息和数据，特别是基础性数据是来源于各部门的业务系统，如统计数据、财务公开资料、各类分析数据和经济分析系统数据等；还有一些放在基础数据库中的资料，如业务处理流程、ISO 9000 标准、各类政策法规、政务基础信息和法律文件等。配合内外网合一的智能搜索引擎可以方便地查找、使用信息和数据，并且通过内外网合一的动态信息发布系统，可以实现内外网信息的同步管理和发布。

2. 系统整合、单点登录

"数字园区电子政务"系统由多个子系统组成，不同的部门、不同人员和不同的级别都拥有不同权限，也使用着不同的系统，通过政务内网门户网站提供的系统入口，对各业务系统进行整合和统一的规划管理，实现"数字园区"系统的单点登录功能，不同的用户可以从政务内网门户登录到各个专项业务和信息系统或者决策支持和经济分析系统中去，避免了各个系统之间的频繁切换和多次登录操作，实现一个账号、一个口令的应用和管理模式。

3. 内外合一、信息互动

由于政务内网门户网站和互联网门户网站的关联性，使得很多信息和数据要在两个门户之间进行交互和传递，还有很多信息和数据需要在两个门户中都更新和使用。这就要求两个门户之间能够实现共同维护、共同管理和信息交换。但由于两个门户的用户定位截然不同，并且信息的应用层面和级别也大有不同，因此要充分考虑到以上的几个因素，利用统一的管理中心和内外合一的信息发布机制，实现内外两个门户的管理和信息交互应用。

4.5.4 内网门户的构成

内网门户将由以下几部分构成：统一的登录入口、通知/公告、新闻动态、部门简报、机构设置、最新文件和公共资源,如图4.6所示。

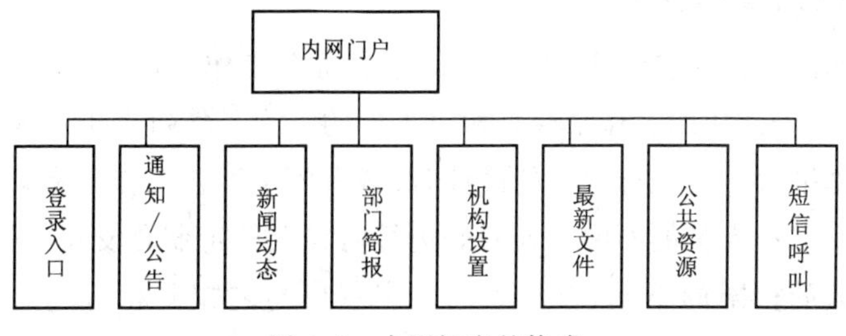

图4.6 内网门户的构成

(1) 统一的登录入口——单点登录:统一的登录入口作为整个系统的唯一入口,承担了系统用户的身份验证及权限检查工作。授权用户通过系统为其分配的账户登录系统,此时系统会根据系统授予的特定权限为其开放相应的内容供用户使用。不同的用户登录系统后,所得到的用户界面将是不同的。通过后台的权限控制体系实现用户工作界面的个性化。

(2) 通知/公告:动态发布园区的需下达各下属单位的重要通知以及需要告知各兄弟委办局的相关公告事项。

(3) 新闻动态:动态发布园区的各类新闻动态。

(4) 部门简报:动态发布园区各部门的各类工作简报。

(5) 机构设置:发布园区的机构设置及各部门职能。

(6) 最新文件:发布上级下发的各类指示文件等。

(7) 公共资源:提供一些常用资料、工具等公共资源的查询下载等服务。

(8) 短信呼叫:用户可以直接在页面中输入短信内容,保存在数据库中,服务器端读取数据库中的信息,通过串口技术,通过手机通读模块,统一将消息发送到短信中心。手机短信中心与办公自动化系统无缝集成,与电子邮件、短消息中心一起,为系统各类事件提供到达主动通知服务的功能,方便离线用户随时随地了解办理重要办公事件的需求;同时提供短信群发功能,方便系统中用户的使用。

① 发送手机短信:用户可以定时、即时或群发短信。

② 查询提交的手机短信:一般用户,可以按手机号、内容、发送时间等查询自己的短信状态,是正在发送还是发送成功。

③ 管理员查询:管理员除了以上功能外可以查询所有人的手机短信。

④ 查询回复:查看回复信息。

4.5.5 个性化工作界面

政务内网门户作为整个系统的入口,也是每个工作人员的日常工作平台,因此,一个友好的个性化的工作平台是相当重要的。为了给每个工作人员提供一个个性化的工作平台。在进行门户的设计时,将引入个性化工作平台理念。内网门户可根据每个工作人员的不同个人爱好进行内容上的定制化支持。同时,系统还可根据每个人的权限的不同,自动为用户定制出与之权限相对应的工作操控平台。那些对于该用户无关紧要或无权的模块将不在其工作平台上显示,以此为每个工作人员提供一个整洁、高效的工作环境。个性化工作界面流程如图 4.7 所示。

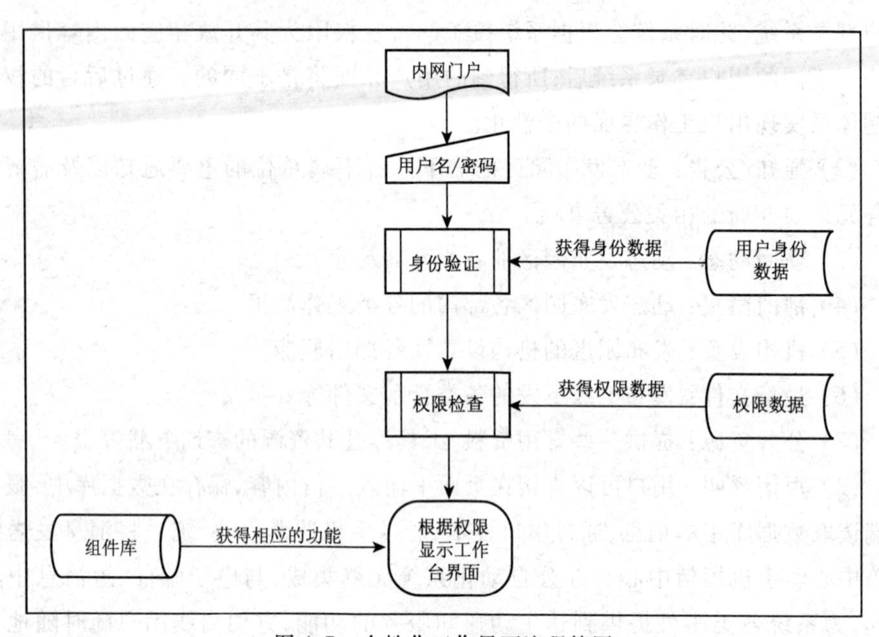

图 4.7 个性化工作界面流程简图

本章小结

本章围绕"一站式"电子政务办公服务系统的框架结构、核心模块及"一站式"电子政务办公服务系统所具备的基本功能展开论述。通过本章的学习,读者应掌握"一站式"电子政务办公服务系统的服务模式以及内网、外网的功能定位。

第5章 “一站式”电子政务办公服务系统的总体设计方案

内容提要

本章以模拟的某市“一站式”电子政务办公服务系统的建设为例，首先介绍了“一站式”电子政务办公服务系统的建设背景、建设目标以及相关的概念，然后详细介绍了电子政务系统建设的总体设计方案、逻辑设计方案以及技术的实现框架，以期读者能够对“一站式”电子政务办公服务系统有一个更深层次的理解。

本章重点

- 了解“一站式”电子政务办公服务系统的背景及相关概念。
- 了解“一站式”电子政务办公服务系统的整体设计方案。
- 了解“一站式”电子政务办公服务系统的逻辑设计框架。
- 了解“一站式”电子政务办公服务系统的技术实现框架。

本节以某市“一站式”电子政务办公服务系统为例，介绍“一站式”电子政务办公服务系统的框架结构、系统逻辑模块和技术实现等知识。

5.1 系统建设背景和目标

假设某市管辖5区、6县，人口约600万。现依托该市政务专网建立“一站式”电子政务办公服务系统平台，实现政府部门间的互连互通、信息共享；建立资源共享、数据交换、业务协同的工作机制和模式；建立应用支撑与集成环境、共享与交换体系以及安全保障体系，形成逻辑上统一、物理上分布的全市电子政务应用基础、实现几十项业务的“一站式”业务服务和网上协同办理，提高办事效率和公共服务质量，为该市电子政务的深入推进奠定基础。完成如下具体目标。

1. 一站式服务平台

根据“统一注册、统一认证、统一申报、统一反馈”的原则，建设该市的“一站式”电子政务办公服务系统平台。以客户为中心、以需求为出发点进行网站设计，提供用户注册和管理、流程查询、资料申报、结果反馈、监督投诉和咨询讨论等功能，增强服务内容，提高服务效率，使其成为政府面向社会服务的门户和窗口。

2. 建设网上审批市级平台

根据“统一调度、统一交换、数据共享、统一监控”的原则，设计市级平台并组织实施，重点建立应用集成环境、公共资源配置服务体系、业务交换体系、共享服务体系以及安全保障体系等，实现信息交换、信息共享、业务协同、监督监察、辅助决策与分析等功能。

3. 建立共享信息资源库

根据政府业务需求，确定共享信息资源种类和用途，对现有信息资源进行整合和优化，促进同类信息资源库的互连互通，并选择通用性强的基本信息库作为重点，建立共享机制，形成全市共享信息资源。

4. 建立安全保障体系

“一手抓电子政务建设，一手抓网络与信息安全”。根据互联网、专网和内网的划分和隔离要求，清楚地界定网与网之间的边界，进行安全域划分，指导委办局和区县级平台安全体系建设,设计、建立网上审批平台统一的安全保障体系。

5.2 政务业务名词概念

1. 审批事项

这是政府委办局层面的概念。各个委办局负责的审批事项,是经过法制办和编办(编制办公室)的正式审批通过决定的,如机动车检验、转籍、过户(机动车转出登记)等。

审批事项根据其在审批过程中是否与其他委办局或上级单位有业务来往的原则,分为单体审批和互联审批两类。

审批事项根据其审批的性质,分为审批(A)、核准(B)、审核(C)和备案(D)4 种。

2. 审批业务

这是市级(区县)平台层面的概念。对于用户而言,市级平台提供审批业务的服务。审批业务是审批事项链。一个审批业务中包括一个或几个审批事项,以及各个审批事项间的关联关系。

审批业务的名称可以使用用户容易理解的名称,也可使用此审批业务中有代表性的审批事项的名称。

3. 单体审批事项

审批过程中不涉及其他委办局或只涉及本委办局的上下级单位的审批项,称为单体审批事项。有的单体审批事项会用到其他委办局审批办理的结果,但如果此审批事项与相关委办局的审批结果之间是松耦合关系,则仍属于单体审批事项。

4. 互联审批事项

不是单体审批事项的其他的审批事项,均归为互联审批事项。

5. 市级审批事项

是指市级委办局上报市级编办、市级法制办审批,并具有市级审批事项编码的审批事项。

6. 区县级审批事项

是指区县级委办局上报区县级编办、市级法制办审批,并具有区县级审批事项编码的审批事项。

7. 横向调度

由市级平台对市级委办局之间的调度或区县级平台对区县级委办局之间的调度,称为横向调度。

8. 纵向调度

市级平台与区县级平台之间的调度,或市级委办局与区县级委办局平台之间的调度,称为纵向调度。

9. 垂直调度

垂直委办局内部的审批系统对于市级审批事项和区县级审批事项的调度都是由市级委办局内部的调度系统完成,称为垂直调度。

5.3 总体设计方案

1. 系统建设框架

通过对该市的政务服务的需求分析,系统建设将遵循专网互连、两级平台、三网结构的基本框架,做到前台受理、后台处理、两级平台、专网互连、业务协同和数据支持。系统总体建设架构如图 5.1 所示。

2. 网络互连

该市政务光纤专网目前已经初步建成,可覆盖全市各级政府部门。

市级平台运行在政府专网上,是该市电子政务系统运行、调度、总控、交换、共享的中心和枢纽。网络互连模式如图 5.2 所示。

市级委办局审批系统通过市政府专网实现与市级平台之间的连接。

区县级平台部署在市政府专网上,通过市政府专网与市级平台连接。

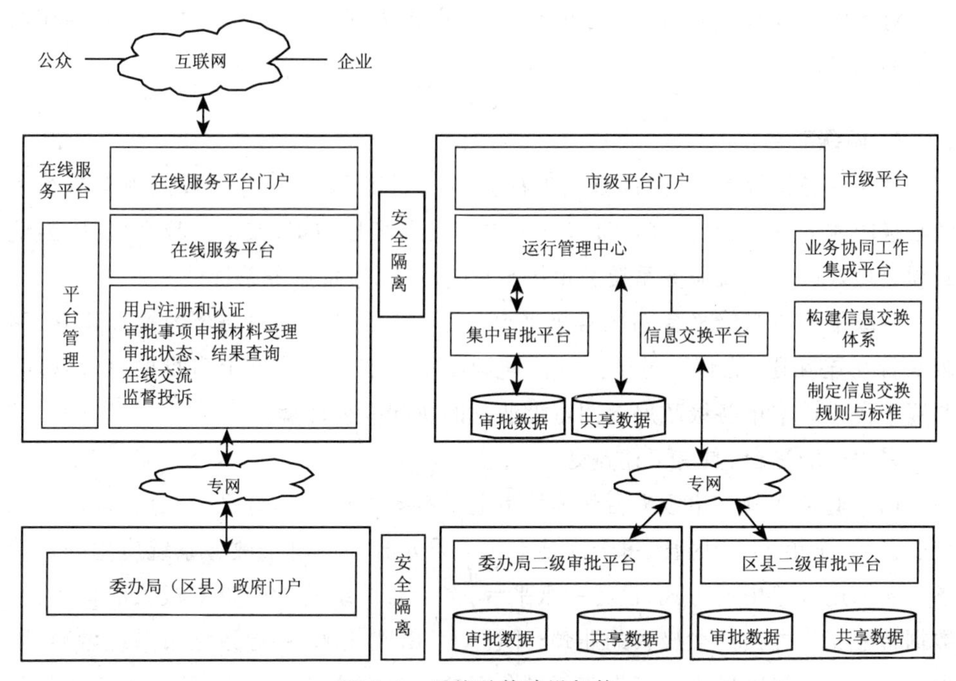

图 5.1 系统总体建设架构

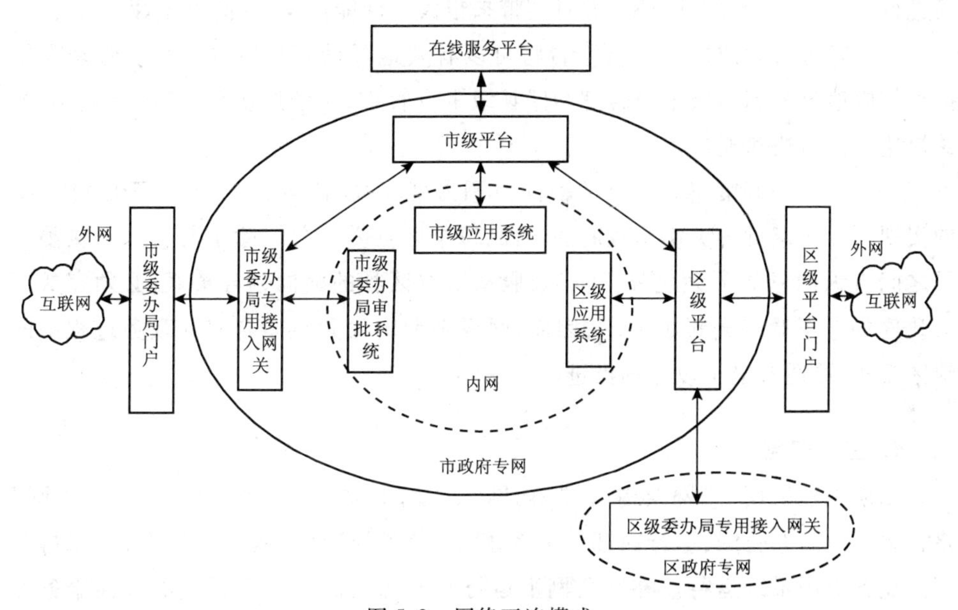

图 5.2 网络互连模式

区县委办局与区县级平台之间通过各区县建设的区县专网进行连接。

对于内部垂直管理要求较强的委办局,市级委办局与区局委办局之间存在内部专网互联。

3. 两级平台

政府业务错综复杂,大部分事项都会涉及到多个部门,并且按照现有市级和区县级职能的划分,有许多审批服务事项涉及到区县初审,或审批权在区县,因此必须处理好区县审批服务系统与市级平台、委办局审批服务系统的关系。

两级平台指市级平台和区县级平台,采取集中与分布相结合的模式建立,两级平台互连互通,能够通过统一的协同调度策略实现全市网上审批的综合管理,两级平台构成本市各级政府部门审批业务的协同办公环境。

采用两级平台,具有下述益处。

(1) 避免瓶颈。市级平台作为该市电子政务的中心运行平台,负责该市十几个委办局、全市 11 个区县、每个区县十几个委办分局的电子政务系统应用处理请求。若采用大集中的方式,设置一级平台,将会对系统的运行带来极大的负荷,在数据传输交换方面产生极大的瓶颈;并且一旦出现故障,将导致全市系统瘫痪,因而一级平台的风险较大。若把市级平台定位在与市十几个委办局及 11 个区县分局进行交互,可大大降低风险,并且会带来很大的性能优化,提高可用性。

(2) 降低管理成本。两级平台将可以有效地降低管理成本。系统管理和维护也相应地分配到市级平台管理和区县级平台管理,系统层次分明、耦合较小,能够快速定位与快速响应。

(3) 行政协调策略。区县的横向协调力度较大、比较直接,有利于联合审批的实现。行政审批的关键是政府的干预,每个区县委办分局除了与直属市级委办局之间有纵向领导关系之外,还必须服从所在区县的横向领导关系,必须完成区县政府的电子政务建设的要求,因而,两级平台的设置也迎合实际政务过程中的辖区模式,更适合电子政务的推进。

4. 三个网络

二期工程采用“三网架构”,即“内网”、“专网”和“互联网(外网)”。“内网”指各单位内部办公网,运行内部业务系统。“专网”指该市政府光纤专网,支持跨部门业务应用系统运行。在互联网上运行政府部门面向社会提供的公共服务业务,如政务公开、网上申报、表格下载等。内网与政府专网逻辑隔离;政府专网与 Internet 安全隔离,根据实际需要实现网间信息交换。三网逻辑结构如图 5.3 所示。

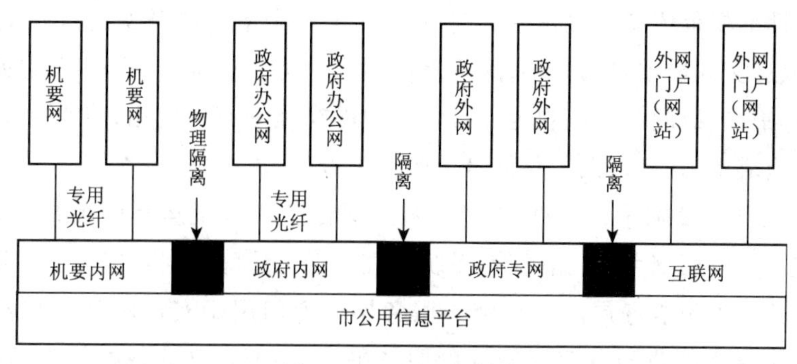

图 5.3　三网逻辑结构

5.4　系统逻辑设计框架

某市“一站式”电子政务办公服务系统的总体逻辑框架如图 5.4 所示。

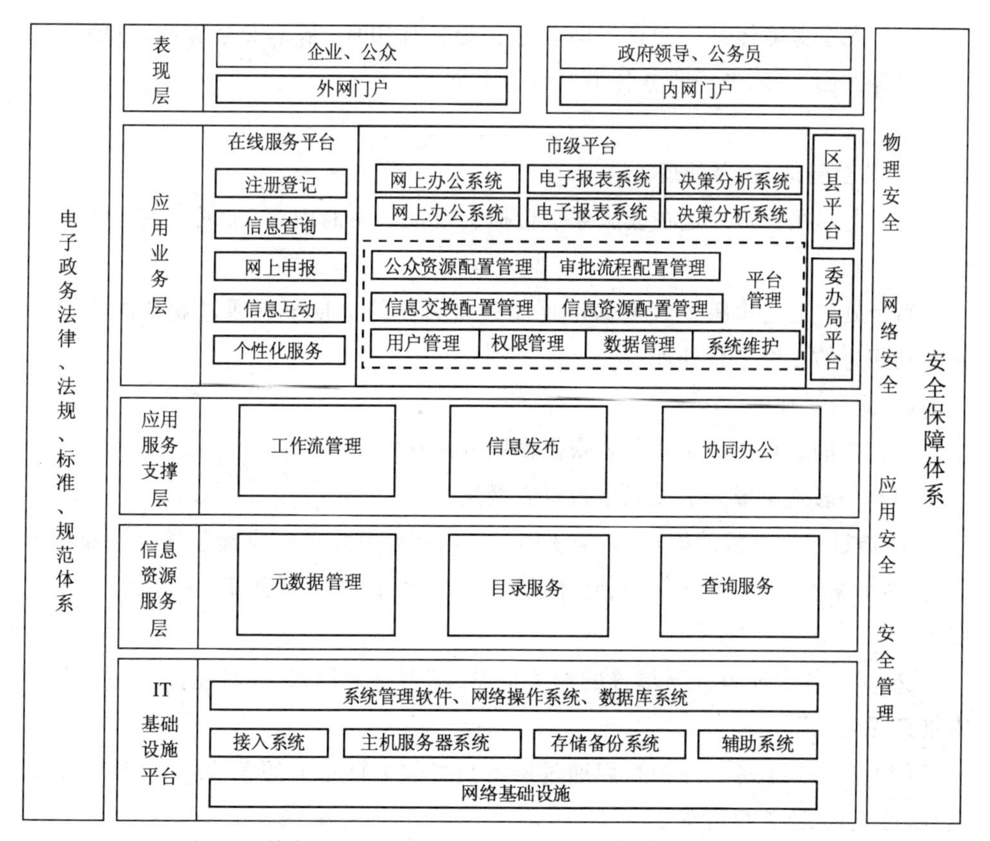

图 5.4　某市“一站式”电子政务办公服务系统的总体逻辑框架

（1）标准规范体系。标准规范体系是保障整个电子政务实施成功的软性因素，也是成功实施最重要的一环，除了贯彻国家有关的标准外，更多的是制定市级平台整合、集成、协同的实施规范。科学合理的实施规范的应用，将大大降低实施难度和实施成本，并可以大大降低日后的维护难度。

（2）IT 基础设施平台。IT 基础设施是保证整个系统运行的前提，对主机选型、网络接入、应用部署、数据备份、系统管理和安全保障等问题进行设计说明。

（3）信息资源服务层。信息资源服务层是专门用于实现对分布在各个委办局内部的资源数据进行共享所建立的服务平台，主要包括元数据管理、目录服务和查询服务三部分的内容。

（4）应用服务支撑层。应用服务支撑平台是一个承上启下的支撑平台，提供安全 Web 门户网站支持、应用集成服务支持、认证与授权服务、安全客户端策略等。

（5）安全保障体系。安全保障体系包括信任服务、基本安全防护、故障恢复及容灾等方面，保障电子政务各个层面的安全。

1. 前台受理、后台处理

企业与居民用户通过在线服务平台提交审批事项的内容，实现了网上审批的前台受理功能。

后台处理通过市级平台根据审批流程将具体的审批事项通过业务协同模块调度到相应的工作平台处理。

1）前台受理

前台指的是直接为企业和公众提供服务的在线服务平台。

（1）一表式申报。一表式申报具有两层含义。

① 通过审批流程的梳理，力争使用户一次提交其申请的审批业务所需的全部信息，尽量减少流程中的等待点，有利于提高政府的办事效率，更好地为公众服务。

② 对于各个环节共享填报的相关信息，不需重复填报，同时能把上一环节的审批意见带到下面环节。

（2）一站式服务。用户可以通过网站获得与审批相关的各项服务，如办事指南、状态查询、监督投诉等。

2）后台处理

后台指的是为政府公务员服务的专网门户，以及负责审批业务管理、系统维护的市级平台。

（1）市级平台。

① 统一调度：审批业务由市级平台统一组织和分配。

② 统一交换：市级平台提供信息交换中心，实现所有系统间的信息交换。

③ 统一管理：市级平台对系统资源实现统一配置与管理。

（2）专网门户。

① 网上审批工作平台：为有需要的委办局提供审批办理平台。

② 统一监控：为政府各级领导提供监督监查等功能，实现对审批的效率及质量的监控。

③ 专项服务：为政府公务员提供与审批业务相关的各类服务。

2. 业务协同、信息共享

1）业务协同

要实现涉及几十个委办局及 11 个区县级政府的上百项审批，市级平台首先必须是一个审批业务的管理和调度中心，完成审批业务的协同。审批业务的协同模式如图 5.5 所示。

2）信息共享

由于政府信息资源分散在各个委办局中，并且信息资源种类繁多、数据量大，若对每类数据再建立一个集中存储中心，一方面造成重复建设；另一方面使日后的系统维护成本增大。因此，信息构架采用“多种来源、分布构建、集中协调、统一服务”的建设原则。“多种来源、分布构建”就是要充分利用现有政府管理的信息资源，在不改变信息资源隶属格局的情况下，通过市级平台“集中协调”功能，实现对政府部门和社会的“统一服务”，从而形成逻辑集中、物理分散的共享信息资源体系。

信息共享解决两方面的问题：

（1）采用有效的方式，实现对分布式的政府信息资源的集中管理。

（2）提供方便灵活、安全可靠的信息资源访问手段，实现各类不同用户对信息资源的访问控制。

3. 网上审批运行模式

用户在电子政务在线服务平台网站提交的各种办理请求，统一转换到专网

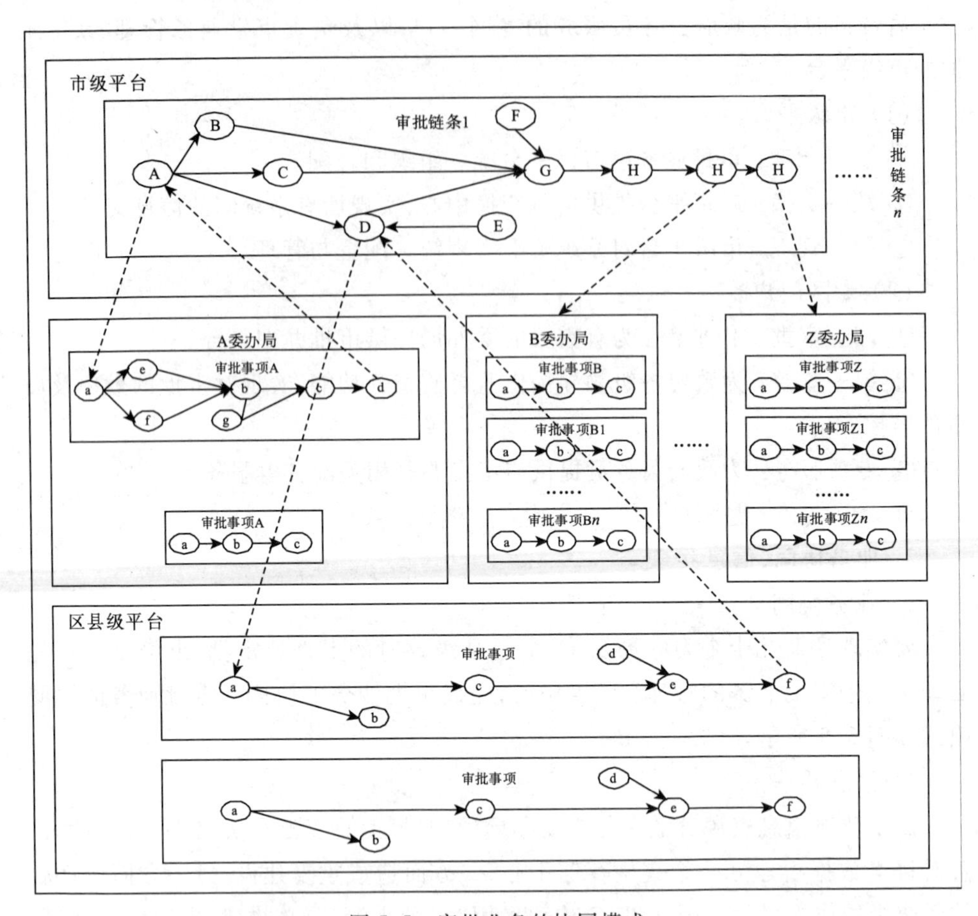

图 5.5 审批业务的协同模式

后,市级平台根据预设的业务流程和管理权限对作业任务进行分发和调度,相关委办局和区县级部门通过专网接受办理信息,转到内部办公平台,进行业务处理。审批过程中,状态和结果信息按原渠道反馈到市级平台,由市级平台同步到在线服务平台,供社会公众或企业查询。在联合审批的业务流中,一个部门的审批任务完成后,由市级平台统一调度到下一个审批环节,同时反馈给申报用户。在整个流程中,各个环节共享填报的相关信息,不需重复填报(但不同部门要求的个性信息可以在相应环节补充填报),并能把上一环节的审批意见带到下面环节。对于网上办理的各项业务要实现网上监督和控制,包括办理部门、办理时限等所有与审批有关的信息。网上审批运行模式如图 5.6 所示。

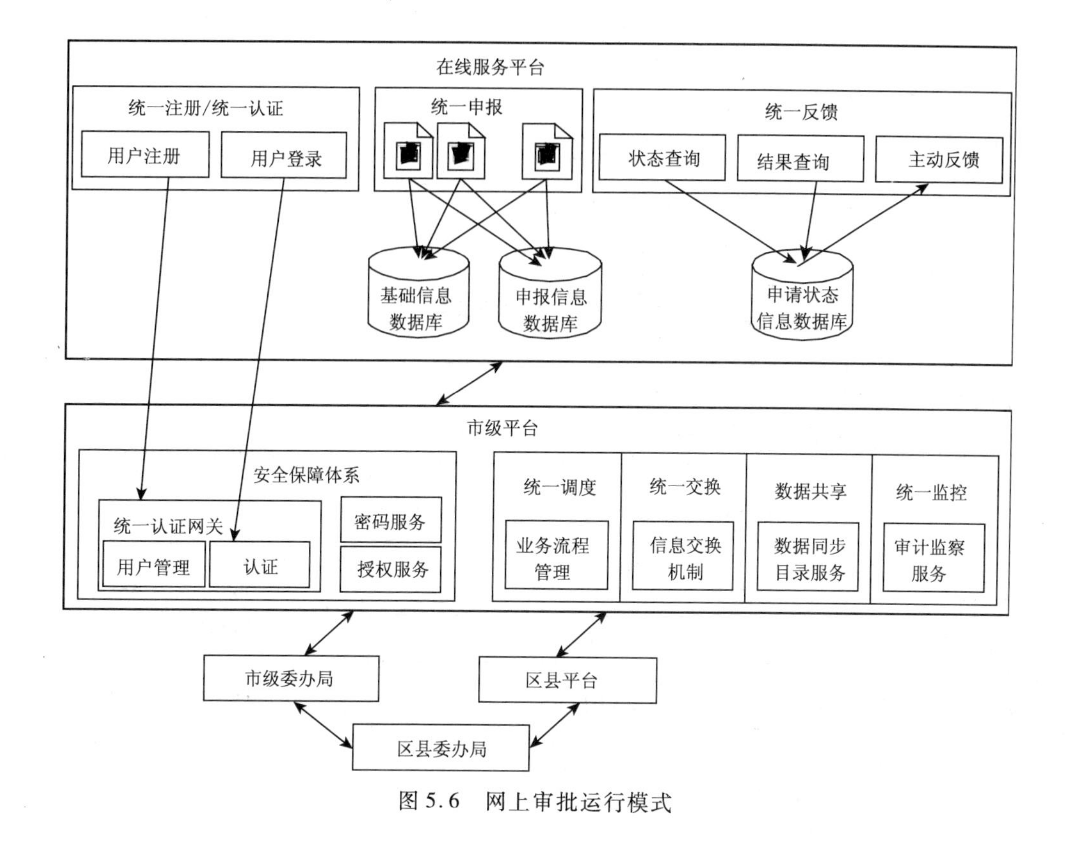

图5.6 网上审批运行模式

5.5 技术实现框架

从系统构成的业务逻辑元素入手,将技术实现框架总体分为接入层、应用层、服务层和资源层4个层次,如图5.7所示。

从图5.7可以看出,整个架构集中体现:以资源层为依托,以应用层和服务层为核心,通过接入层,全面为各层次客户提供高品质的个性化服务。表5.1为各层次的概要说明。

另外,安全和运行维护贯穿接入层、应用层、服务层和资源层的各个层面,为逻辑架构中各层提供安全管理、系统审计等服务功能。当然,不同层面服务内容不尽相同。

统一、完整的总体业务逻辑结构清晰地划分了系统的逻辑层次,各层次相对独立,从而简化了系统复杂度,保证系统满足建设要求。

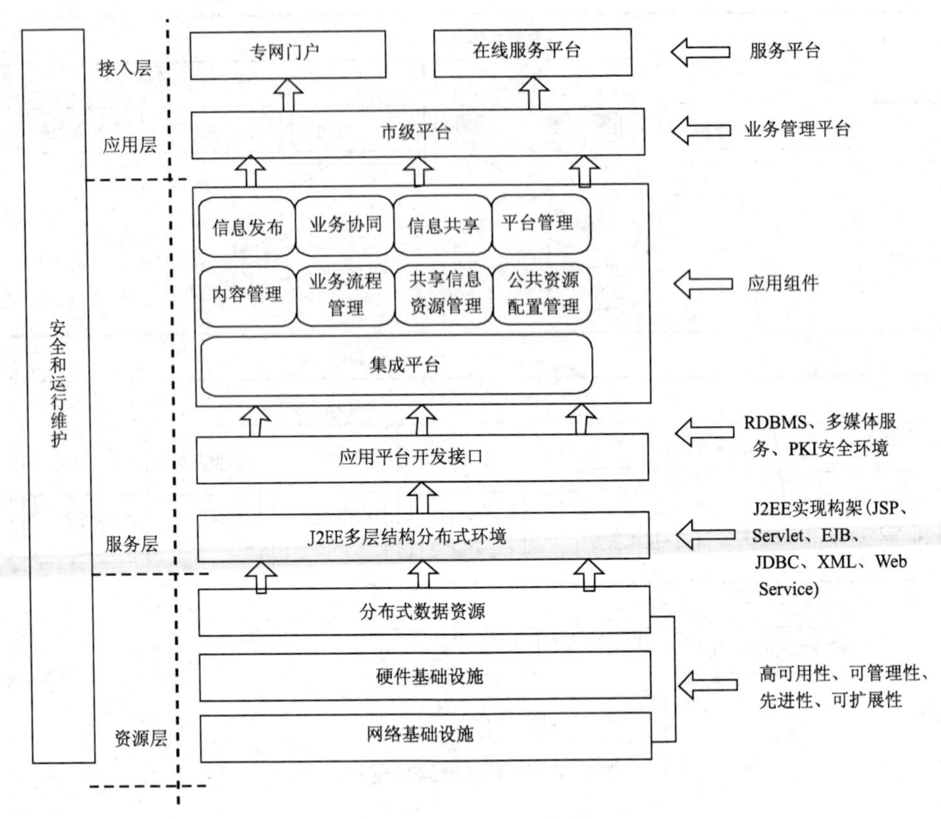

图 5.7　技术实现架构

表 5.1　业务逻辑结构各层次的概要说明

逻辑层次	描　　述
接入层	各类用户登录相应的门户网站，通过其要访问的信息、业务系统，进而确定应用层的访问内容 通过统一的用户管理进行统一的身份认证，实现个性化定制
应用层	应用层是整个业务逻辑结构的核心，该层通过调用服务层的中间件资源，以部件化或非部件化的形式包装，构建应用逻辑群
服务层	服务层与应用层共同构成整个业务逻辑结构的核心，服务层的应用组件构成应用基础系统，是应用层的软件支撑平台 通过服务层，可以快速创建、组装、部署和管理动态的健壮的应用逻辑 服务层分 3 个层面。最下面的 2 层是基础开发平台，即基于 J2EE 开发体系结构的分布式应用开发环境和系统平台开发接口，本项目将选择购置 Web Logic App Server 作为开发平台。在此之上是应用基础系统，提供了可工作于不同应用系统的核心服务功能，作为应用逻辑运行的基础服务平台。应用基础系统由组件化的功能包和二次开发接口组成，为其上开发运行的应用模块提供稳定、安全、调用简单的底层功能，为形成一体化应用、保证系统的可维护性和可扩展性奠定基础

续表

逻辑层次	描　述
资源层	资源层构成应用层和服务层的支撑环境 网络基础设施提供了TCP/IP、目录和安全等资源服务，这些服务的能力可通过开放且标准的接口协议来存取 主机系统和功能服务器群为应用逻辑提供资源服务，包括数据库、HTTP、事务处理、邮件和消息等 应当根据建设需求，科学合理地对资源层进行统一规划

本章小结

本章通过模拟某市“一站式”电子政务办公服务系统，详细地介绍了“一站式”电子政务办公服务系统的背景及相关概念，分析了“一站式”电子政务办公服务系统总体设计的框架结构、系统逻辑模块和技术实现，为后面的实验部分提供了理论基础。

第 2 篇

电子政务系统实验

第6章 电子政务系统实验说明

内容提要

本章以北京交通大学电子政务系统作为实验环境，设计了涉及业务流程和业务流程管理的6个实验，本章对实验的设计结构，实验的相关要求、实验报告等做了详细的说明，为后面实验的学习提供了理论依据。

本章重点

- 了解本教材主要的实验内容和实验结构。
- 掌握进行电子政务实验的基本要求。

6.1 实验设计思路

本篇以北京交通大学电子政务系统作为实验环境，力求体现电子政务系统的核心特色，针对电子政务系统所特有的公文流转、“一站式”服务等功能，精心设计了6个实验，希望通过实践，从不同层面、不同角度为读者阐述电子政务的本质含义。这些实验紧密围绕电子政务系统设计、使用中涉及到的理论及实践知识展开，在实验设计过程中，作者穿插了相关的理论知识，并在实验最后给出了扩展实验供读者作进一步的演练，从而达到了理论与实践、学与练的有机结合。

第7章介绍了实验系统的总体框架和软硬件环境，由于实验系统涉及的内容取材于中关村科技园管理委员会的实际业务流程，因此该章重点介绍了系统的办公平台使用方法，包括系统管理员平台、企业及公众办公平台、政务审批平台。第8～13章围绕系统设计了6个实验，其中第8～10章的实验属于业务管理层实验，主要是系统的基础数据配置（第8、9章）和系统的流程管理（第10章），第11～13章的实验是业务流程实验。第9章设计了一个拓展介绍，通过介绍国外一些优秀的电子政务网站，来开拓读者的思路，让读者了解当今国内外电子政务的发展状况。图6.1展示了本篇的结构。

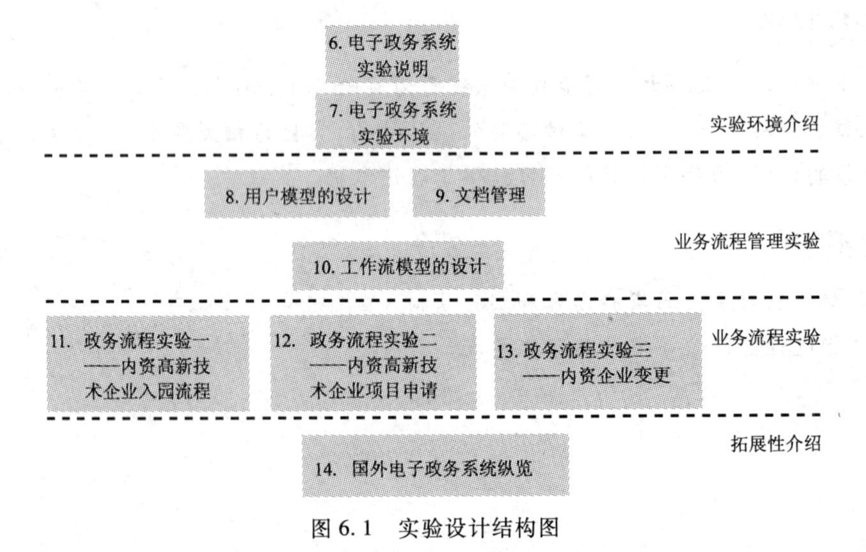

图6.1 实验设计结构图

如图6.1所示，教材实验设计分为两个层次：业务流程管理实验、业务流程实验。其中第8章和第9章本不属于独立完整的实验，但这两章的内容和第10章的工作流模型设计密切相关,属于支持性实验,因此将第8章和第9章归类为业务流程管理实验,特此加以说明。

6.2 实验要求

为了更好地达到实验目的,读者在每次实验前应做一些实验准备工作,并在实验完成后予以总结。

6.2.1 实验前的准备工作

(1) 明确本次实验的主要目的和任务。

(2) 明确实验的主要步骤。

(3) 按照实验要求准备实验测试数据。

6.2.2 实验报告的规格及内容

在完成每一次实验后,要提交相应的实验报告(报告格式参考附录A),该报告主要包括下面几方面内容:

(1) 分类写出上机完成任务的主要内容及步骤、实现的功能。

(2) 出现的问题及解决方法。

(3) 调试完成后的对象主要属性设置。

(4) 实验中所用知识点的总结。

(5) 利用哪些知识、技巧解决了实际应用系统中的哪些功能需求,还可将其用于哪些方面。

(6) 上机实验后有哪些想解决但尚未解决的问题。

(7) 希望从哪些方面做进一步的了解。

(8) 对教学过程中有哪些进一步的要求、意见和建议。

本章小结

本章以北京交通大学电子政务系统为实验环境介绍了电子政务实验的设计思路、设计结构以及包含的实验内容等,对实验所涉及到的实验要求、实验目的和实验报告的规格和内容进行了说明。

第7章 电子政务系统实验环境

内容提要

本章首先介绍了电子政务系统的整体框架结构、系统运行的软硬件环境，然后按照管理员、企业及公众、公务员三个不同角色的角度介绍了系统的基本功能。本章是为读后续章节实验得以顺利进行的基础，请读者在认真研读本章的基础之上，再进行后续章节的学习。

本章重点

- 了解系统的整体框架结构，认识系统中所划分的三大类角色。
- 了解系统运行的软硬件环境。
- 熟练掌握系统不同角色办公平台的各项基本功能。

7.1 系统总体框架

本系统以某科技园区政务管理流程为背景,为学生全方位展现了"一站式"电子政务办公服务系统的整个工作流程。该系统确立了3类角色:企业、公众角色,公务员角色,系统管理员角色。学生可分别以不同的角色登录该系统进行实验。

该系统建立在J2EE多层应用体系结构的基础上,整个系统的实现可分为应用框架层(Application Framework Layer)、业务逻辑层(Business Logic Layer)、业务核心层(Core API Layer)以及业务核心或业务逻辑与数据库之间的接口。系统总体框架如图7.1所示。

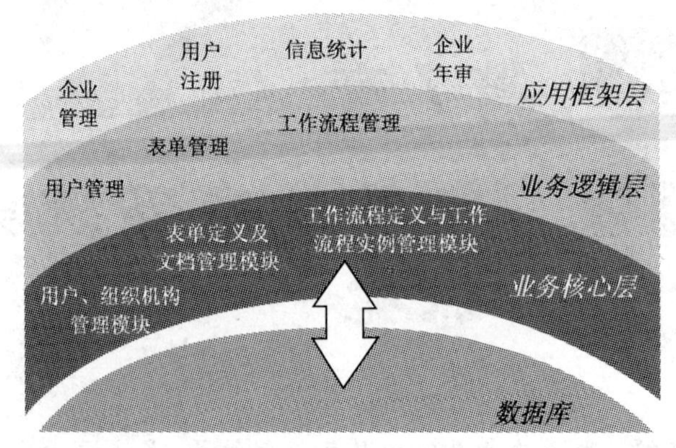

图7.1 系统总体框架

应用框架层包括企业管理、用户注册、信息统计、企业年审等具体的应用,它为业务逻辑层及其他业务应用提供运行平台。业务逻辑层完成接收到的客户请求之后在业务核心层的支持下进行处理。业务核心层为业务逻辑层提供核心支持,它将系统中最关键的业务处理模型提取出来并定义为3个模块:用户、组织机构管理模块、表单管理模块、文档管理模块、工作流程定义与工作流程实例管理模块,各模块除了完成模块定义的功能外,还通过模块提供的接口相互支持,以实现入科技园办事者(企业、公众角色)申报业务以及科技园区工作者(公务员角色)审批业务的功能。

7.1.1 业务核心层与业务逻辑层介绍

1. 用户管理模块

用户管理模块负责管理用户的账号信息,管理及维护园区工作者的组织机构结构的数据，同时为系统提供角色及权限管理，并为整个系统中的其他模块提供关于用户、组织机构、角色及权限的相关接口支持。具体功能如下所述。

1）用户账号管理

该功能管理系统中的两类用户（入科技园的办事者和科技园区工作者）的账号信息，包括创建用户账号、修改账号、修改账号个人信息和删除账号。

2）组织机构管理

该功能针对公务员角色，定义并维护系统中公务员所属组织机构的树形结构，为组织机构指定角色并维护组织机构中的角色。具体功能包括创建、修改和删除组织机构，建立组织机构角色，为用户赋予组织机构角色。

3）角色管理

该功能针对公务员角色，定义并维护系统中的角色、角色权限的分配以及用户角色的分配。具体功能包括创建、修改和删除角色，为角色赋予权限及删除角色的权限，建立及删除角色的继承关系，为用户赋予角色及删除用户角色。

图7.2展示了本模拟系统中科技园区工作者（公务员角色）的组织机构及其层次关系。

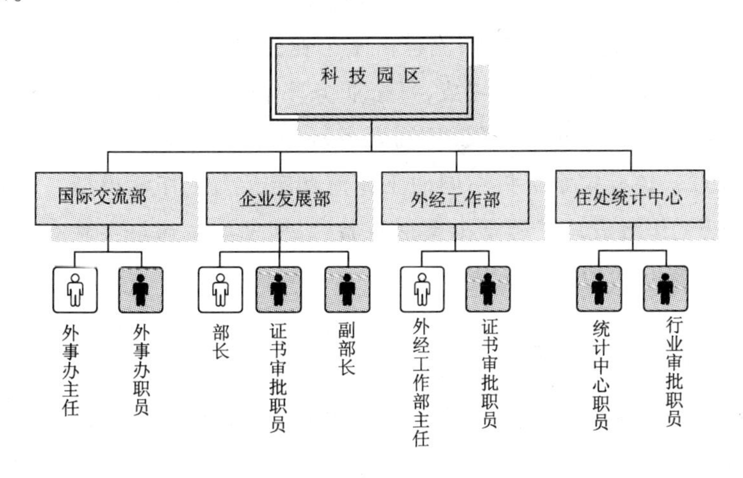

图7.2　组织机构及层次关系图

4）相关信息检索

此功能为系统中用户、组织机构和角色间的关系的检索、查询提供支持。

在该模拟系统前台运行的用户有两类，即上文提到的两类用户：入科技园办事者和科技园区工作者，这两类用户是本系统的最终使用者。在进行模拟实验时，将分别扮演上述两类不同的用户，以实现他们“网上模拟办公”的目的。另外一类用户是系统管理员,该用户工作于后台,主要负责定义系统中的业务单元和业务流程,如工作流的定义、编辑,用户角色的建立、权限的分配,表单模板的管理等。每类用户,甚至每个用户在系统中的操作及访问数据的范围都有所不同,用户管理模块对系统中的用户进行统一的管理,并设定访问权限,定义系统中的不同角色,以及为每个用户分配角色。

2. 表单定义及文档管理模块

该模块实现对企业用户提交数据的采集、保存的功能。表单定义了入科技园办事企业(入科技园办事者)填报数据的格式以及显示的样式,文档实现了对企业填报数据的保存。

3. 工作流程定义与工作流程实例管理模块

从入科技园办事者提交表单到科技园区工作者的审批是一个由多个具体业务环节依照一定的逻辑关系组成的流程,这个流程称为工作流,工作流可以描述为:按照一定的规则在一系列的业务运行状态之间不断地变化,并经历不同的参与者在其中进行各种操作的流程;流程由多个业务环节(节点)构成,每个业务环节由多个操作动作(节点任务)构成,每个业务环节上定义若干个参与者,每个参与者对该业务环节有不同的权限,不同业务环节之间按照一定的业务逻辑关系(链路)相关联。该模拟系统将不同的工作流均定义为工作流模型。在后续章节中,我们基于工作流设计了若干个模拟实验,以期使读者通过实验对工作流及其相关概念有更深入的理解。

7.1.2 应用框架层介绍

应用框架层为系统业务逻辑的 Web 应用运行结构提供前端控制及访问权限控制的支持。

图 7.3 大致展示了应用框架层如何将接收到的用户端请求分析并转交相应的处理模块,并将处理后的数据返回用户端。

首先由前端控制器采集所有请求,并将请求转化为系统内部交流的格式。再由前端控制器中的一个专门的处理过程根据请求判断“应该由哪个程序模块负责处理该请求”和“用哪个页面显示结果”,实现业务逻辑的程序模块必须按指定方式实现一个接口。

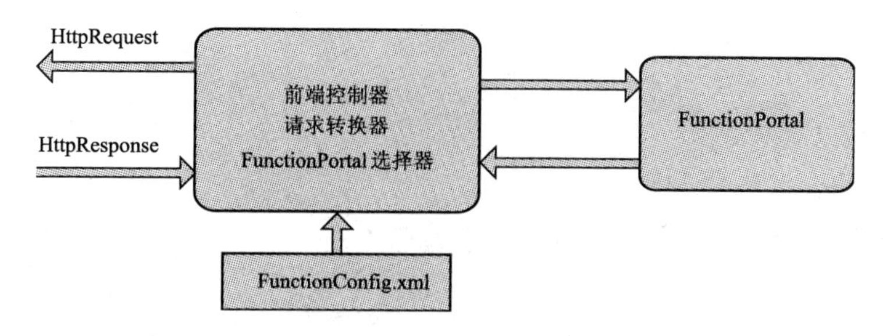

图 7.3　系统前端控制及访问权限控制示意图

7.2　系统运行环境

1. 硬件配置

客户端：主频 200MHz 以上、内存 64MB 以上的 PC。

服务器：CPU，Pentium 4 2.0GHz 以上；内存，256MB（最少），512MB（推荐）。

建议配置两台服务器，一台为信息服务器；另一台为数据库服务器。

2. 软件配置

客户端：

（1）IE（Internet Explorer）5.5 以上浏览器。

（2）Windows 98、Windows 2000、Windows XP 或 NT 系统。

（3）Office 97、Office 2000 或 Office XP。

服务器：

（1）Windows 2000 Server、Windows XP 或 Windows 2003 系统。

（2）Tomcat 5.0。

（3）Oracle 9i。

7.3　系统实验平台介绍

7.3.1　系统管理员平台的功能介绍

1. 登录系统管理员平台

（1）在“北京交通大学电子政务模拟系统”主界面中选择“系统管理员”，如图

7.4 所示。

图 7.4 “北京交通大学电子政务模拟系统”主界面

(2) 在如图 7.5 所示的“系统管理员登录”界面中输入管理员的用户名与密码,登录到如图 7.6 所示的系统中。

图 7.5 “系统管理员登录”界面

2. 系统管理员平台功能介绍

系统管理员平台功能包括以下功能。

1) 工作流模型编辑功能:

工作流模型是工作任务的规则,它描述在一项工作任务中,参与的角色,角色要做的事情,以及各项任务之间的关系、先后次序和条件等。

工作流中包含多个任务节点,节点与节点之间以流程链路相连。在每个节点上定义参与的角色和要做的事项,从流程规定的起点开始执行节点上的操作。当一个节点上的工作任务做完,或数据满足一定的条件时,会按照链路上定义的规

ID	名称	创建人	创建时间	最后一次修改者	最后一次修改时间	状态	排序
NZ_RY	内资高新技术企业入园申请与审批	admin	2002-08-20	admin	2005-01-15	编辑	DOWN
NZ_CP	高新技术产品认证	admin	2002-08-20	admin	2005-01-10	编辑	UP DOWN
NZ_SR	高新技术企业技术性收入的申报与审核	admin	2002-08-21	admin	2004-03-08	发布	UP DOWN
NZ_NS	高新技术企业年审复核	admin	2002-08-21	admin	2004-11-21	发布	UP DOWN
real_NZ_NS	real高新技术企业年审复核	realcd	2004-11-21	admin	2004-11-21	发布	UP DOWN
NZ_BG	内资企业变更	admin	2002-08-21	admin	2004-02-20	发布	UP DOWN
WZ_LX	中外合资/合作企业设立	admin	2002-08-20	admin	2004-03-19	发布	UP DOWN
WZ_SL	外商独资企业设立	admin	2002-08-20	admin	2005-01-13	编辑	UP DOWN
NZ2WZ	外国投资者并购内资企业(内资转外资)	admin	2003-05-22	admin	2004-03-12	发布	UP DOWN
WZ_RD	外资高新技术企业资格认定	admin	2002-08-20	admin	2005-01-13	发布	UP DOWN
WZ_NS	外资高新技术企业年审复核	admin	2002-08-20	admin	2005-01-11	编辑	UP DOWN
real_WZ_NS	real外资高新技术企业年审复核	realcd	2004-11-22	admin	2004-11-22	编辑	UP DOWN
WZ_BG	外资高新技术企业变更	admin	2002-08-20	admin	2004-04-08	发布	UP DOWN

图 7.6　工作流模型编辑界面

则,流向下一个任务节点,直到流到流程规定的终点。

2）工作流业务参数管理功能

工作流业务参数管理主要是对系统中定义的工作流程进行分类。

3）用户管理功能

此功能负责管理系统中的用户(企业用户和审批用户)的账号信息,管理及维护代表审批用户的组织机构结构的数据,为系统提供角色及权限管理,并为整个系统中的其他模块提供关于用户、组织机构、角色及权限的相关接口支持,其功能包括:

- 维护系统中的企业用户和审批用户的账号信息。
- 维护系统中的组织机构。
- 维护系统中的角色、角色权限的分配以及用户角色的分配。
- 提供系统中系统中用户、组织机构、角色间的关系的检索、查询。

4）表单文档管理功能

表单文档管理模块实现对企业提交数据的采集、保存的功能。表单定义了企业填报数据的格式以及显示的样式,文档实现了企业填报数据的保存。

5）表名显示定制功能

表名显示定制功能主要实现对所有有关表名称的统一管理,规范表的命名,以方便电子政务系统中表的检索和使用。

6) 统计签协议功能

对于完成审批的企业申请,进行协议的签订。

7.3.2 企业及公众用户平台的功能介绍

企业及公众用户平台(如图 7.7 所示)主要包括申请入园、项目申报、企业变更、出国查询、网上报表、咨询机构、技术顾问、在办项目、办结项目、企业档案和系统帮助等功能。利用这些功能,企业用户可以实现以下作业:

(1) 从网上查询、了解办事的具体条件、程序,所需提交的表格、文件,主管单位、地址、联系电话等。

(2) 从网上可直接下载表格和相应的文件模板,进行填写。

(3) 可以将填写准备好的表格文件直接从网上上传给主管单位。

(4) 可以在网上即时了解审批的状态和审批意见。

(5) 可根据主管单位的审批意见进行修改后,再次从网上提交。

(6) 可在网上同时办理多项事务。

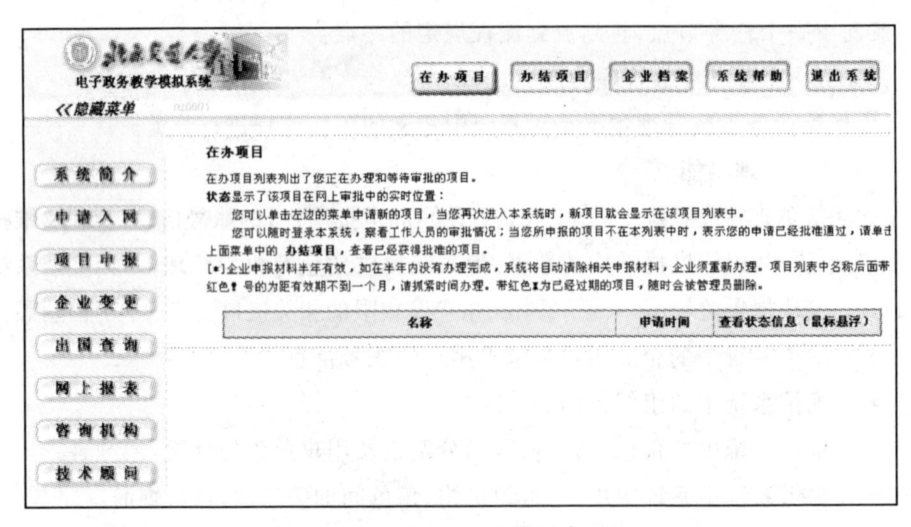

图 7.7 “企业及公众用户平台”界面

下面介绍企业及公众用户平台的各功能模块。

(1) 申请入园: 申请入园是进入网上办公的第 1 步,企业或用户可以在此申请办理新技术企业及设立外资企业(详细操作流程见实例实验)。

(2) 项目申报: 项目申报是进入网上办公的第 2 步,在企业或用户完成入园申请后,就可以在这里进行办公,完成如新技术企业年审复核、高新技术产品认证等办公项目(详细操作流程见实例实验)。

(3) 企业变更:企业变更可以实现企业某些信息的改变(详细操作流程见实例实验)。

(4) 出国查询:查询在此系统中办理的出国事项以及人员情况。

(5) 网上报表:网上报表是“一网式办公”的重要组成部分。企业可以通过电子报表申报系统上传财务、统计等各种报表,免去了企业每月到园区奔波排队之苦,坐在办公室就可以轻松地上报各种报表。

(6) 咨询机构:科技园推荐了一些中介机构为企业提供新技术企业的申办、认定及运营后所需的咨询服务,以及代理企业的入园申请等网上办公项目,在这里,可以找到这些中介机构的联系方式和相关资料。

(7) 技术顾问:提供技术支持部门的服务热线、地址和一些常见问题及解答。

(8) 办结项目:通过办结项目,可以查看已经办完的项目,如图7.8所示。

办结项目

办结项目列表列出了您所办理的项目中已经审批通过的项目,单击项目名称查看项目的详细信息。

名称	审批通过时间
内资高新技术企业入园申请与审批(交大内资企业入园申请)	2005年01月14日
高新技术产品认证(高新技术产品认证)	2005年01月14日
内资企业变更	2005年01月14日
内资企业变更	2005年01月14日

图7.8　办结项目列表

(9) 在办项目:通过在办项目,可以查看您正在办理的项目及其所处状态,如图7.9所示。

在办项目

在办项目列表列出了您正在办理和等待审批的项目。

状态显示了该项目在网上审批中的实时位置:

您可以单击左边的菜单申请新的项目,当您再次进入本系统时,新项目就会显示在该项目列表中。

您可以随时登录本系统,查看工作人员的审批情况;当您所申报的项目不在本列表中时,表示您的申请已经批准通过,请单击上面菜单中的 **办结项目**,查看已经获得批准的项目。

[*]企业申报材料半年有效,如在半年内没有办理完成,系统将自动清除相关申报材料,企业须重新办理。项目列表中名称后面带红色!号的为距有效期不到一个月,请抓紧时间办理。带红色X为已经过期的项目,随时会被管理员删除。

名称	申请时间	查看状态信息(鼠标悬浮)
高新技术产品认证	2005年01月14日	正在申请
因公出国申办程序	2005年01月15日	进入工作人员审批

图7.9　在办项目列表

(10) 企业档案：实现企业信息的修改、企业信息的查询和密码的修改，如图 7.10所示。

(11) 系统帮助：为企业办事提供帮助。

图 7.10 “企业档案”界面

7.3.3 政务审批平台的功能介绍

如图 7.11 所示，政务审批平台主要包括待办项目、工作统计、企业管理、我的信息、退出系统等功能。不同机构、部门的工作人员依其工作性质的不同而拥有不同的工作权限。例如，外经工作部的工作人员除了具备一般的业务审批权限外，还拥有工作月报的功能；国际交流部的工作人员还有出国业务审批、专家查询的功能等，下面分别介绍这些功能。

(1) 待办项目：实现园区工作者对企业提交项目的审批。

(2) 工作统计：实现对个人工作量及目前的各业务状态的详细、可综合、可分类的统计功能。

(3) 企业管理：该功能为外经工作部和企业发展部工作人员所特有，可以实现对企业用户的分类查询、高级查询，并对查询出来的企业信息进行查看以及一些特殊操作。

(4) 我的信息：提供对工作人员个人信息的查看和修改。

(5) 工作监督：用于监督工作人员的工作情况。

(6) 工作月报：该功能为外经工作部所特有，它以月为时间单位对工作人员所处理的事务项目进行统计。

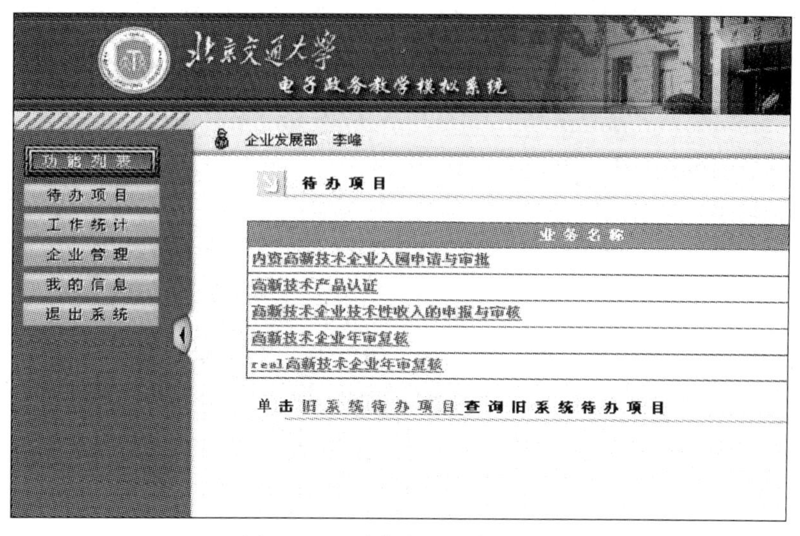

图 7.11　“政务审批平台”界面

（7）出国业务：该功能为国际交流部所特有，实现出国人员信息查询和修改功能。

（8）专家查询：该功能为国际交流部所特有，实现专家信息的查询和修改功能。

（9）退出系统：实现清除登录信息，并关闭办事窗口。

本章小结

本章介绍了电子政务系统的整体框架结构、系统运行的软硬件环境及各个不同角色工作平台的基本功能。通过本章的学习，读者应了解系统的整体框架结构、系统运行的软硬件环境，同时还应熟练掌握系统不同角色办公平台的各项基本功能。

第8章 用户模型的设计

内容提要

本章首先介绍了用户模型设计的预备知识，包括用户账号和角色的基本知识，然后通过一个具体的用户模型设计实验引导读者逐步认识并掌握什么是用户模型，如何合理有序地设计和实现一个用户模型，并为第10章的学习打下基础。

本章重点

- 用户账号管理。
- 组织机构设计。
- 角色设计。

8.1 实验预备知识

在该实验中需要预备的主要知识包括下面两个方面,即用户账号及角色管理。

8.1.1 用户账号

用户账号是通过用户账号来标志每一个用户的,通过登录时输入不同的用户账号和密码确定用户的身份。每一个要登录到网络的用户,都必须被授予一个账号名称,称为“用户账号”。账号中包含着用户的名称、密码、用户权力、访问权限等数据。

8.1.2 角色

角色是命名的可以授予用户的相关权限的组,该方法使得授予、撤回和维护权限容易得多。一个用户可以使用几个角色,并且几个用户也可以被指定相同的角色。

角色的使用可以方便管理和易于分配权限。下面介绍角色中常用到的一些基本概念。

1. 用户与角色

用户与角色是使用权限的基本单位,角色是一组具有相同权限的用户集。

用户与用户之间不存在相互隶属关系,它只能属于某个角色,角色可以隶属于其他角色,且可以为多重隶属关系。

2. 应用模块

应用模块通常是指某个页面(在 Web 中),如统计报表页面、用户信息页面,等等。

3. 操作

指在应用模块中对某个功能是否具有访问权限,如用户信息页面的修改功能、删除功能,等等。

4. 授权

指用户角色能对哪个应用模块中的某个功能是否具有执行许可。这里执行的许可指的是授权的三种状态:授予、拒绝、继承。

（1）授予：用户角色对应用模块的某项操作具有执行权力。

（2）拒绝：用户角色对应用模块的某项操作不具有执行权力。

（3）继承：用户角色对应用模块的某项操作是否具有执行权力取决于它的父角色是否对该应用模块的指定操作的执行权力。

8.2　实验目的

通过本章的学习，要理解用户账号、角色和权限的概念和实际用途，掌握用户模型的创建与编辑，能自行完成一个完整的用户模型的设计。本章是第 10 章的准备章节，该章知识的掌握将为第 10 章的学习打下良好的基础。

8.3　实验内容及要求

本实验包括如下内容：建立用户账号，创建组织机构，建立组织机构角色及用户组织机构角色，建立角色并授予用户，定义角色权限和使用角色继承。

要求读者以系统管理员的身份，创建、编辑用户模型，掌握用户模型的设计方法。

8.4　实验步骤

实验逻辑图如图 8.1 所示。

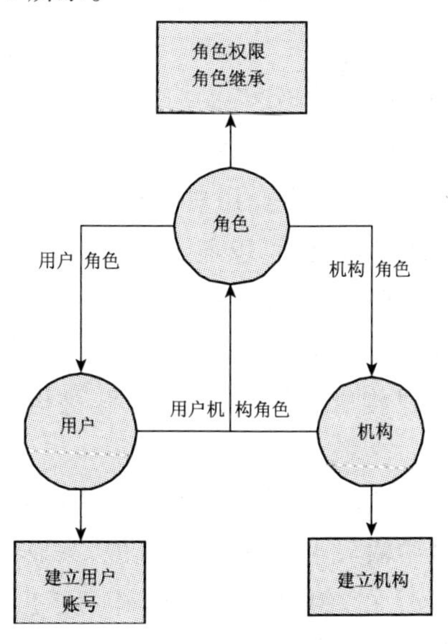

图 8.1　实验逻辑图

下面通过两个分实验(用户组织机构管理和用户角色管理)来完成本章实验部分的内容。

8.4.1 用户组织机构管理

用户组织机构管理实验的主线如图 8.2 所示。

实验的主要步骤如下所述。

进入用户管理模块后,出现如图 8.3 所示的界面。

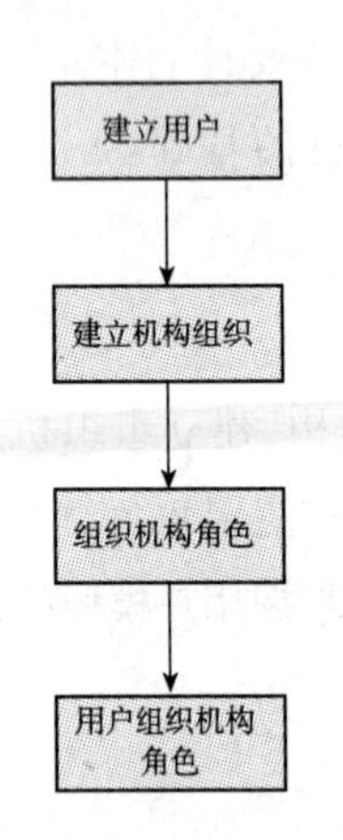

图 8.2 用户组织机构管理实验的主线

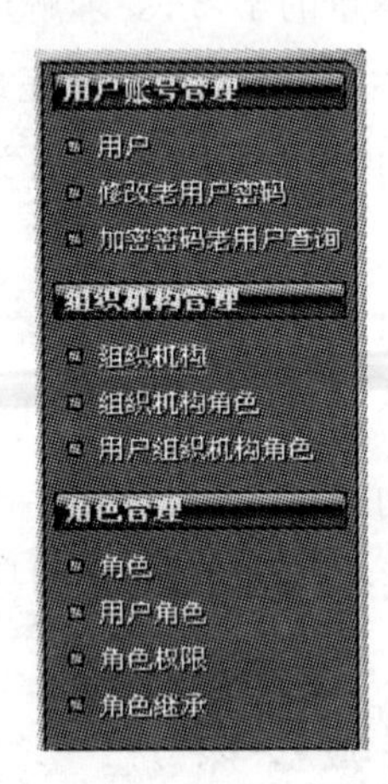

图 8.3 用户管理功能图

第 1 步 用户账号管理。

在图 8.3 中,单击“用户账号管理”下的“用户”,出现如图 8.4 所示的界面。

在该界面中,可以通过输入用户名、密码和用户类型来添加一个新的用户。用户类型可以为管理员、审批用户、企业用户、个人用户。也可以通过查询用户这个功能对现有的用户信息进行查询,可以通过用户 ID、用户名、用户类型、注册时间中的一个或者多个关键字来进行查询,查询结果显示在界面下方。

第 2 步 创建组织机构。

在图 8.3 中,在“组织机构管理”下单击“组织机构”,出现如图 8.5 所示的界面。

在该界面中,可以创建、修改和删除组织机构,即审批用户的部门。

在“创建组织机构”区中输入 4 个必填项,单击“添加组织机构”按钮就可以创建一个新的组织机构,并马上在“组织机构列表”中显示出来。

如果想要修改一个组织机构的信息,应选择对应的组织机构信息后方的“修

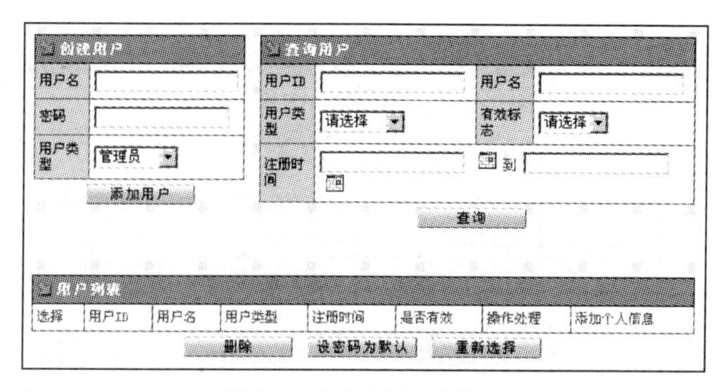

图 8.4　“建立用户”界面

创建组织机构

组织机构名称英文名		组织机构名称中文名	
父组织机构	**选择**	组织机构说明	

添加组织机构

组织机构列表

选择	组织机构ID	组织机构英文名	组织机构中文名	父组织机构	组织机构说明	操作处理
□	66	hdy	海淀园	0	海淀园	修改
□	50	wsb	国际交流部	0	国际交流部	修改
□	48	tjzx	信息统计中心	0	信息统计中心	修改
□	47	wjb	外经工作部	0	外经工作部	修改
□	46	qgb	企业发展部	0	企业发展部	修改

删除　重新选择

图 8.5　“创建组织机构”界面

改”即可进行修改。

如果想要删除一个现有的组织机构，则先选中对应机构前方的复选框，单击下方的“删除”按钮即可。

第 3 步　组织机构角色。

在图 8.3 中，在“组织机构管理”下单击“组织机构角色”，出现如图 8.6 所示的界面。在该界面中，可以定义角色与组织机构的关系，即可以赋予组织机构角色。

如图 8.7 所示，可以查看已定义的组织机构角色。

第 4 步　用户组织机构角色。

在图 8.3 中，单击“用户组织机构角色”，出现如图 8.8 所示的界面，可以创建和查看用户组织机构角色。用户组织机构角色即是赋予用户以组织的权限，这个用户代表的就是这个组织，行使组织的权力。

创建组织机构角色

组织机构ID	海淀园/	角色ID	部长
上级组织机构角色OID	海淀园/企管部外经办科委角色		
组织机构角色说明			

创建组织机构角

图 8.6 “创建组织机构角色”界面

组织机构角色列表

选择	组织机构角色ID	组织机构ID	角色ID	组织机构角色说明
□	海淀园/企管部外经办科委角色	66	64	
□	信息统计中心/统计中心人员1	48	63	统计中心组织机构角色
□	海淀园/园区副主任	66	62	园区副主任，被园区主任监督
□	海淀园/园区主任	66	61	园区主任
□	国际交流部/申请企业角色	50	48	gdgfd
□	外经工作部/主管	47	29	外经办主管fa1，被外经办主任fa3监督
□	计算机软件行业审批人员	63	35	vxcvx
□	信息统计中心/系统集成行业审批人员	48	36	
□	国际交流部/外事办主任	50	53	外事办主任
□	国际交流部/外事办工作人员	50	52	外事办工作人员

图 8.7 组织机构角色列表

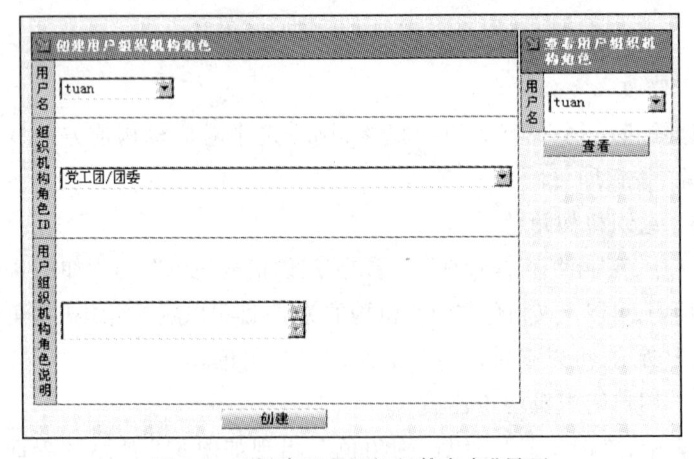

图 8.8 “创建用户组织机构角色”界面

8.4.2　用户角色管理

用户角色管理实验的主线如图 8.9 所示。

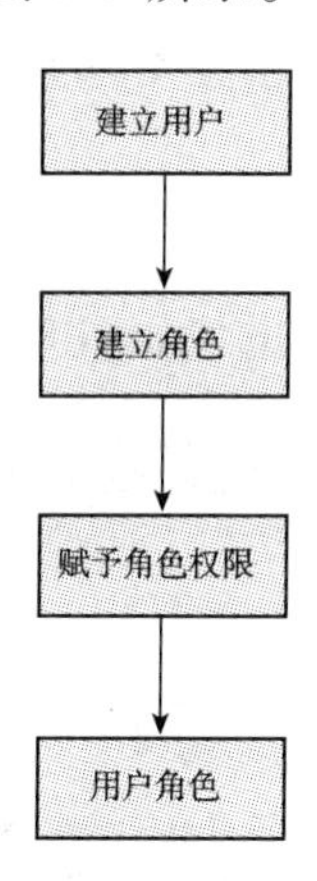

图 8.9　用户角色管理实验的主线

实验的主要步骤如下所述。

第 1 步　建立一个新用户。

第 2 步　创建角色。

在图 8.3 中,在“角色管理”下单击“角色”,出现如图 8.10 所示的界面,可以创建新角色。

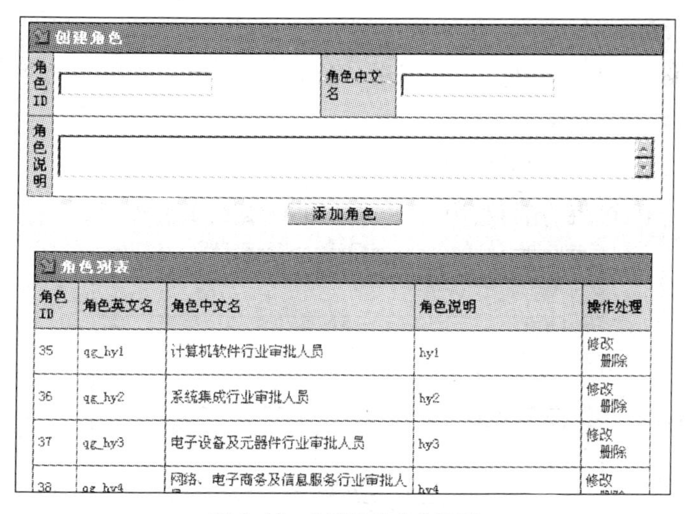

创建角色
角色ID
角色中文名
角色说明
添加角色
角色列表
角色ID
角色英文名
角色中文名
角色说明
操作处理
35
qg_hy1
计算机软件行业审批人员
hy1
修改
删除
36
qg_hy2
系统集成行业审批人员
hy2
修改
删除
37
qg_hy3
电子设备及元器件行业审批人员
hy3
修改
删除
网络、电子商务及信息服务行业审批人
修改

图 8.10　“创建角色”界面

在“创建角色”界面中,输入角色ID、角色中文名和角色说明,单击“添加角色”按钮就可以进行角色的创建,新创建的角色会马上显示在下部的“角色列表”中。

在创建角色的过程中,要注意角色ID是关键字,也就是说,新创建的角色ID不能与现有的角色ID一致,否则无法正常添加角色。现有的角色ID可以在“角色列表”中进行查看。

第3步 创建用户角色。

在图8.3中,单击“用户角色”,出现如图8.11所示的界面。

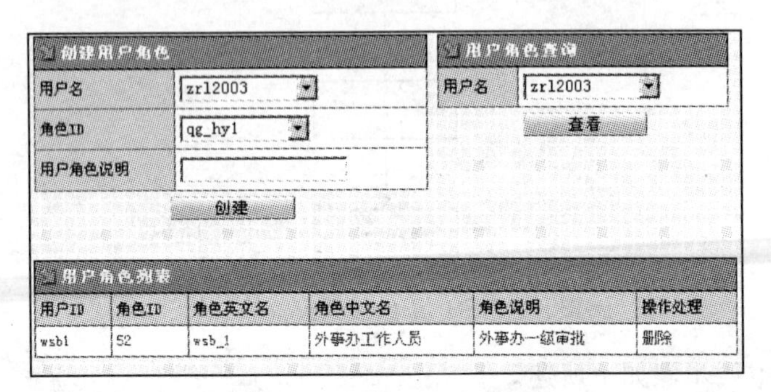

图8.11 “创建用户角色”界面

定义具体的用户与角色的关系,即建立用户名与角色的对应。

在图8.11的“创建用户角色”区中,可以把角色赋予一定的用户,如图中把“qg_hy1”这个角色赋予了“zrl2003”这个用户,这样zrl2003就具有了qg_hy1这个角色定义的所有权限。

在图8.11的“用户角色查询”区中,可以按用户名来进行该用户具有角色的查询,查询结果显示在下方。

第4步 创建角色权限。

在图8.3中,单击“用户权限”,出现如图8.12所示的界面。

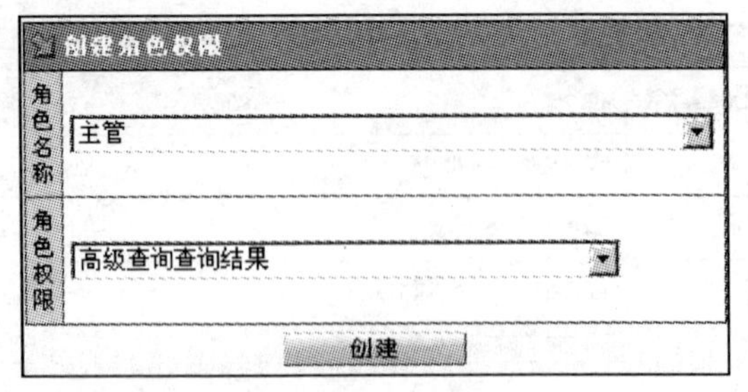

图8.12 “创建角色权限”界面

定义角色拥有的权限。在图 8.12 中，我们赋予主管这个角色以“高级查询查询结果”这个权限，这样主管就可以进行高级查询了。

查看、管理已定义角色的权限，如图 8.13 所示。

角色权限列表

角色ID	权限	操作处理
qg_hy1	Approval	删除
qg_hy1	FileManage	删除
qg_hy1	ViewManage	删除
qg_hy1	addfileno	删除
qg_hy1	addquerycolumndic	删除
qg_hy1	addquerytabledic	删除
qg_hy1	enpmutisearchcondition	删除
qg_hy1	enpmutisearchdo	删除
qg_hy1	enpmutisearchinterface	删除
qg_hy1	enpmutisearchresult	删除
qg_hy1	enpmutisearchshowresult	删除
qg_hy1	enpsimpsearch	删除

图 8.13　角色权限列表

8.5　扩展实验

自学角色继承部分的相应功能，并删除自己在前面实验中建立的用户和组织。

本章小结

通过本章实验的学习，读者能够对用户模型有进一步的认识，理解用户、角色、组织等基本概念，为后续章节的学习打下了很好的基础，并能够按照一定的设计方法和原则来设计用户模型相关的业务。

问题讨论

（1）角色继承的作用是什么？

（2）用户账户的安全性如何体现？

实验难点分析：权限、角色、分组、部门

1. 资源概念

资源就是想要得到的最终物质，可以给每一个资源定义一个权限，也可以给某一类资源定义一个权限。

2. 权限概念

权限是对资源的一种保护访问。用户要访问A资源的前提是，用户必须具有A资源的访问权限。

3. 角色概念

实际上，不会直接把权限赋予给用户，而是通过角色来赋予给用户，用户拥有某一种权限是因为用户扮演着某一种角色。

A是个经理，他管理着B公司，他拥有b、c、d的权限。实际上，不是A有这个权限，而是因为A是经理，经理拥有b、c、d权限。

很显然，在权限划分上，我们会把权限赋予给某一个角色，而不是赋予给个人。这样的好处是，如果公司换了经理，那么只要再聘用一个人来做经理就可以了，而不会出现因为权限在个人手里，导致权限被带走的情况。

4. 分组概念

只有角色是不够的，B公司发现A有财务问题而成立了一个财务调查小组，然后我们赋予了这个小组财务调查员的角色（注意是赋予小组这个角色）。这样，这个小组的所有人员都有财务调查的资格，而不需要给小组的每个人都赋予这个角色（实际上已经拥有了），分组概念也适合部门，因为任何一个部门在公司里或者社会上都在扮演着一个泛指的角色。

第9章 文档管理

内容提要

文档管理是指对电子政务系统中有关表单、文件的管理，与整个电子政务系统的流程息息相关。文档管理为电子政务系统提供了一个文档集中管理、集中控制的协同工作平台，可以通过实施对文档的创建、审阅、发布、存储、修改等环节进行有效的管理，帮助企业提高文档制作效率，规范文档处理流程，增强文档和信息的安全访问控制，加强协同工作效能，同时降低管理和运营成本。

本章首先向读者介绍了文档管理的相关内容，然后通过一个简单的实例向读者依次介绍了表单管理、代码对照表管理、文档模板管理和后台文档更新管理的操作。在实验步骤讲解中，对于文档表单操作中涉及到的关键知识点，给出了相应的点拨，有助于读者对本章的理解。

本章重点

- 表单管理。
- 文档模板管理。
- 后台文档更新管理。

9.1 实验目的

通过对相关文档知识的讲解,指导读者完成相关的实验操作,旨在让读者了解电子政务相关表单文档的创建与编辑,掌握电子政务系统中表单管理的设计流程,通过对表单的管理进一步理解电子政务系统设计的原理,有助于更好地认识电子政务。

9.2 内容及要求

本实验包括如下内容:表单管理、代码对照表管理、文档模板管理和后台文档更新管理。要求学生以系统管理员的身份,创建、编辑所有与电子政务系统有关的表单、文档,掌握表单、文档的设计方法及原理。

9.3 实验预备知识

建设电子文档管理系统是电子政务建设的必然要求。要实现对电子文档的有效管理,就应当在建设政务办公自动化系统的同时,建设电子文档管理系统。电子文档管理系统是指在电子政务环境下,具有对电子文档的采集、整理、存储、传递,对电子档案的接收、保管、转移、检索、阅览、利用、统计等功能,对电子文档到电子档案进行全程管理的系统后台管理模块。

文档管理,主要指对电子政务系统中涉及到的相关的文档进行统一规范的管理。通过提供标准的文档结构和模板,制定统一的文档控制和信息共享平台,可以降低文档和信息管理的风险,提高政府的工作效率。

该部分主要是对电子政务系统中的相关表单进行管理,主要有以下4个功能(如图9.1所示):

(1) 表单管理。

(2) 代码对照表管理。

(3) 文档模板管理。

(4) 后台文档更新管理。

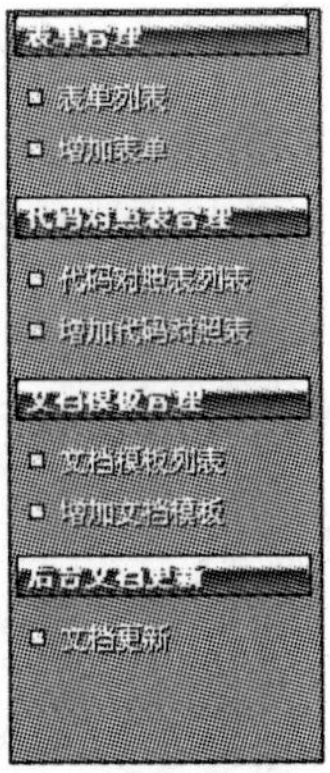

图9.1 文档管理的主要功能

9.4 实验内容与步骤

表单管理包括政务文件、文档及相关代码的维护和管理,比较零散,这里采用实验的方式介绍主要表单的相关操作。

9.4.1 表单管理

表单主要指在企业参与电子政务时与之关联的表单。通过表单管理,可以对表单的格式、内容进行设计和管理,可以增加新的表单以适合新业务的增加,也可以删除不需要的表单。这里定义的表单将在企业填写报表时显示,具体内容根据不同的业务设定。表单管理模块分为表单列表和增加表单两部分。

第1步 表单列表。

单击"表单列表"链接,出现如图9.2所示的界面,该"表单列表"列出了系统中所有的表单。

表单列表

序号	表ID	表名称	创建人	字段管理	预览	文档管理	删除
1	5102	申请书	丁	字段管理	预览	文档管理	删除
2	5104	企业章程	丁	字段管理	预览	文档管理	删除
3	5108	董事会成员委派函	丁	字段管理	预览	文档管理	删除
4	5110	申办企业需填报其他资料	丁	字段管理	预览	文档管理	删除
5	5112	立项的请示	丁	字段管理	预览	文档管理	删除
6	5114	合资/合作意向书	丁	字段管理	预览	文档管理	删除
7	5116	可行性研究报告	丁	字段管理	预览	文档管理	删除
8	5118	申办企业需提交文件	丁	字段管理	预览	文档管理	删除
9	5122	合资/合作企业章程	丁	字段管理	预览	文档管理	删除

图9.2 "表单列表"界面

这些表单与企业或普通公众参与政务系统密切相关,以"申请书"表单为例,申请书是企业用来向政府申请业务所要填写的表单,由申请业务的企业通过B/S模式的电子政务系统下载该文件,进行填写并提交等待审批,这些文档是通过文档模块进行统一管理的。

在这里可以对表单进行编辑,单击"字段管理"可以进入"字段管理"界面对表单进行修改;单击"预览"可以预览该表单;单击"删除"可以删除文档。例如,单击"申请书"的"字段管理",则可以对字段进行修改,如图9.3所示。

字段定义管理

字段名称	申请书 *	排列顺序	10
数据类型	对象型	初始值	无
是否有子字段	没有子字段	是否为空	可以为空
输入方式选择	文件框	附加表单	无
外部调用	无	参照对照	无
回写调用	无	最大输入长度	0
字段引用	0	触发事件	
模板文件	无	计算方式	不用计算
填写说明			

图 9.3 对“申请书”的字段进行修改

第 2 步 增加表单。

进入“增加表单”模块,可以增加表单内容,以增加“企业经济情况(表二)”为例,结果如图 9.4 所示。

表单名称管理

表名称	企业经济情况(表二) *	表单类型	普通
创建人	admin	是否归档	归档 *
是否保留历史记录	保存历史记录	模板文件	内年审表2-企业经济情
帮助链接			
特殊处理画面	nz_ns_2.jsp		

表单填写说明:

1、表中技术性收入由两部分组成:
技术性收入分两部分:
新技术产品(黄卡产品)的销售收入;
技术合同的收入是指在技术合同登记处登记的技术开发、技术转让、技术咨询、技术服务合同的收入;
2、研究开发经费是指本企业的科学研究和技术开发活动中的基础研究、应用研究和试验发展的全部支出。(详见《中关村科技园区企业统计手册》体现在Z107《企业科技活动情况》表)
3、出口供货额是指企业通过各种渠道出口的产品、技术所获收入(人民币:万元)
4、新技术产品是指海淀园企管部认定的产品(黄卡产品)

<font color=red>注:</font>
1、技工贸总收入(万元)、高新技术及其产品研究开发经费、上交税费总额(万元)从统计报表中读取。<font color=red>左边为年报数据,右边为月报数据,月报月份为<b>高新技术企业认定日期</b>月份的前一个月。如上述数据为空或不正确,请与统计中心联系,修改后再继续办理</font>;
2、技术性收入(万元)=表三中销售额+表四完成额(<font color=red>在表三和表四填完之后,请再次进入该表,技术性收入(万元)将会重新更新,如发现比例不对,请用鼠标点击比例框,重新计算</font>);
3、各项比例用鼠标点击后自动计算

图 9.4 增加表单内容

图 9.3 中,各项的含义如下所述。

(1) 表单类型:共 4 种(普通、回复、附属表单、其他)。

(2) 是否归档:分为归档和不归档两类。

（3）是否保留历史记录：共2种（保存历史记录、不保存历史记录）。

（4）模板文件：脚本文件的名称。

（5）帮助链接：是否含有帮助文件。

（6）特殊处理画面：此表单套用的特殊页面的名称。

（7）表单填写说明：表单填写说明。

9.4.2 代码对照表管理

代码对照的主要功能是采用一种标准的编码方式对不同的内容进行管理。通过采用统一有序的编码，既方便对电子政务系统的开发，也有利于电子政务系统的管理和维护。代码对照与整个电子政务系统的开发密切相关。代码对照表模块主要包括代码对照表列表和增加代码对照表两部分。

第1步 代码对照表列表

单击“代码对照表列表”，出现如图9.5所示的界面。在该界面中，定义字段对应的代码表。

代码对照表一览

序号	表名称	类别	说明	代码对照	删除
1	企业集团总公司代码	字符型		代码对照	删除
2	技术水平代码表	字符型	技术水平代码表	代码对照	删除
3	质量标准代码表	字符型	质量标准代码表	代码对照	删除
4	货币币别表	字符型	货币币别表	代码对照	删除
5	企业登记注册类型代码	字符型	企业登记注册类型代码	代码对照	删除
6	地理位置	字符型	地理位置	代码对照	删除
7	国别代码	字符型	国别代码	代码对照	删除
8	国有经济控股情况代码	字符型	国有经济控股情况代码	代码对照	删除

图9.5 “代码对照表一览”界面

单击“表名称”，进入如图9.6所示的界面，在该界面中可以修改代码对照表的名称、类别和说明。通过代码对照表，将表名与相应的代码一一对照，方便对文档的统一管理和模板的规范操作。

单击图9.5中的“代码对照”，进入如图9.7所示的界面，在该界面中可以对

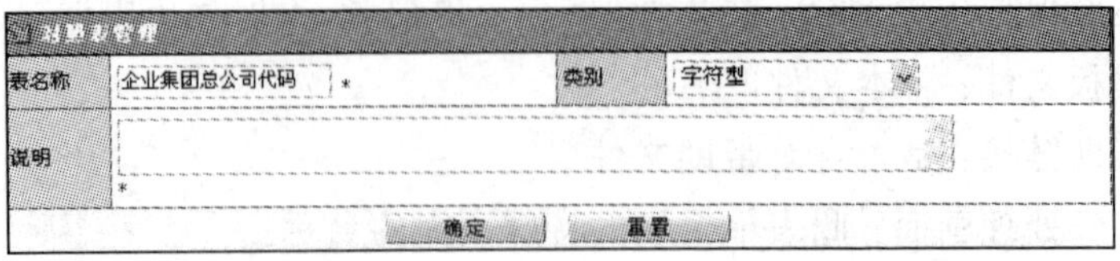

对照表管理
表名称
企业集团总公司代码
类别
字符型
说明
确定
重置

图 9.6 “对照表管理”界面

代码的取值、显示内容和排列顺序等进行修改或删除,也可以增加新的内容。

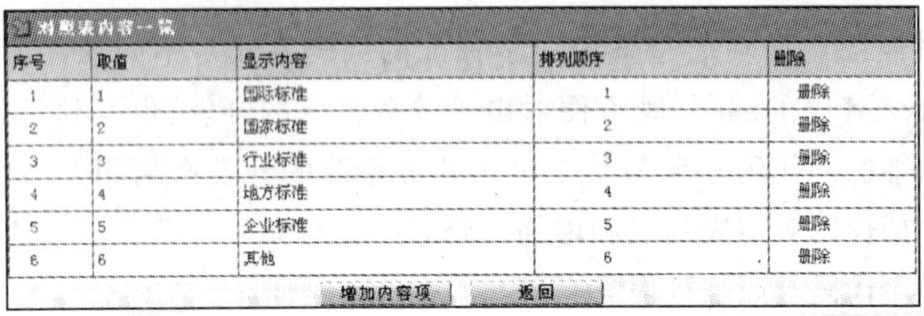

对照表内容一览

序号	取值	显示内容	排列顺序	删除
1	1	国际标准	1	删除
2	2	国家标准	2	删除
3	3	行业标准	3	删除
4	4	地方标准	4	删除
5	5	企业标准	5	删除
6	6	其他	6	删除

增加内容项　返回

图 9.7 “代码对照表内容一览”界面

第 2 步 增加代码对照表。

单击“增加代码对照表”,出现如图 9.8 所示的界面,可以增加新的代码对照表。通过该实验,完成代码对照表的增加。

对照表管理
表名称
类别
字符型
整形数字
小数型
日期型
时间型
对象型
说明
确定
重置

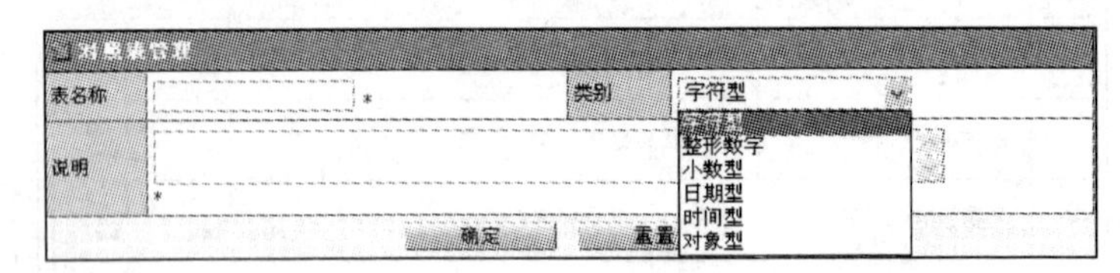

图 9.8 增加代码对照表

9.4.3 文档模板管理

文档模板主要指那些需要企业先下载到本地进行填写,然后再提交给系统的文档。企业在进行业务申请时,不同的步骤需要提交不同的文件,有的文件需要直接在系统的表单里填写,有的需要将文件的模板下载下来。该部分的主要功能是对文档模板的管理。可以根据不同的需要修改模板的形式,可以增加新的模板或删除不必要的模板。管理模块主要包括文档模板列表和增加文档模板两部分。

第 1 步 文档模板列表。

文档模板是指政务系统应用到的相关文件的模板,通过这样一个模块对文件进行规定,方便对文件进行统一的管理。在这里管理两种文件:一种是模板文件,即 Word 模板；另一种是脚本文件，即 Javascript 模板。文件写好后上传到数据库中，引用时根据文件名称来引用。

单击“文档模板列表”，出现如图 9.9 所示的界面。通过该模块可以完成新文档的添加，根据政务的需要，可能需要不断增加新的文档，在此模块完成新的文档的建立，并通过后台工作流模型的设计（参见第 10 章）来实现与该文档有关的工作流设计。

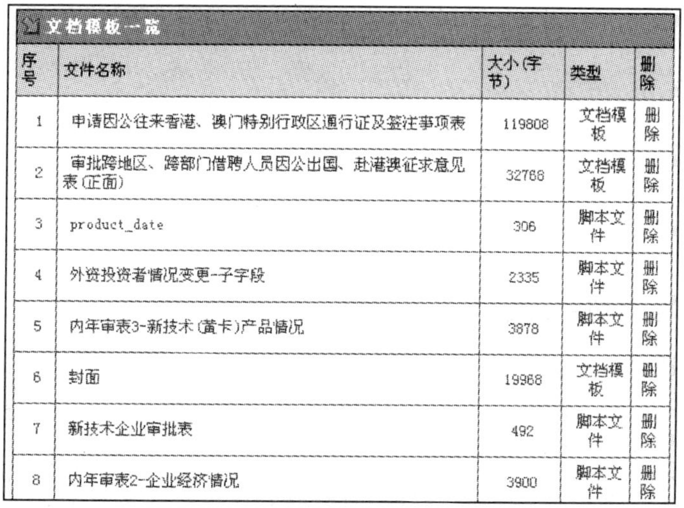

文档模板一览

序号	文件名称	大小(字节)	类型	删除
1	申请因公往来香港、澳门特别行政区通行证及签注事项表	119808	文档模板	删除
2	审批跨地区、跨部门借聘人员因公出国、赴港澳征求意见表(正面)	32768	文档模板	删除
3	product_date	306	脚本文件	删除
4	外资投资者情况变更-子字段	2335	脚本文件	删除
5	内年审表3-新技术(黄卡)产品情况	3878	脚本文件	删除
6	封面	19968	文档模板	删除
7	新技术企业审批表	492	脚本文件	删除
8	内年审表2-企业经济情况	3900	脚本文件	删除

图 9.9　“文档模板一览”界面

在“文档模板一览”界面中，选择文件列表中相应的文件名称，进入“文档模板信息”界面，可以对文档进行修改，如图 9.10 所示。单击“查看”可以下载并查看现有文档的模板信息。

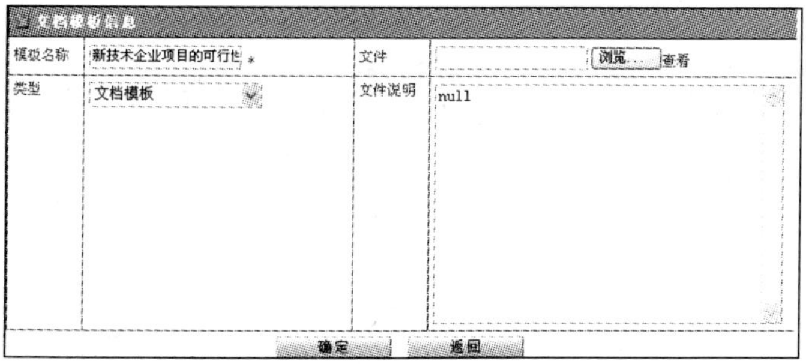

文档模板信息

模板名称	新技术企业项目的可行性 *	文件	浏览... 查看
类型	文档模板	文件说明	null

确定　返回

图 9.10　“文档模板信息”界面

第 2 步　增加模板列表。

单击“增加模板列表”，出现如图 9.11 所示的界面。在“类型”框中选择文档模版还是脚本文件。“文件说明”仅做标示之用，前台无法看见。

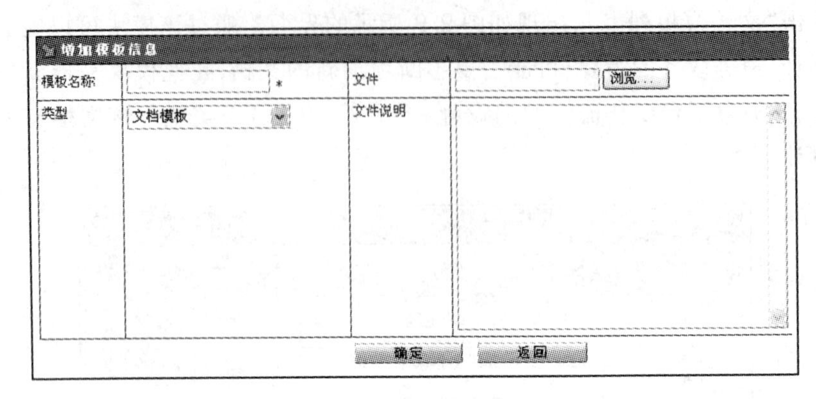

图 9.11　增加模板列表

9.4.4　后台文档的维护

后台文档更新主要指对企业进行业务申请时提交文件的管理。以企业为单位，将企业所有的业务显示在这里，可以对企业已提交的所有的信息进行修改。

文档更新即可以通过后台来维护和修改企业申报过程中的数据，包括企业填报状态和进入审批状态。通过该模块，可以有效地控制和管理企业在政务系统中的信息和状态。

单击“文档更新”，输入企业用户号，查询。列出企业办理的所有业务，单击实例名称进入，可以看到该业务下的所有文档（如图 9.12 所示），以高新技术企业审批表为例，单击文档名称进入，可以看到该表下的字段（如图 9.13 所示），即可对企业填写的信息进行修改。

文档列表

序号	文档名称	创建人	文档状态	最后更新时间
1	高新技术企业审批表	zxc	提交状态	2006-10-20 18:45:25.0
2	高新技术企业认定申请登记表	zxc	提交状态	2006-10-20 18:46:29.0
3	高新技术企业项目的可行性分析报告	zxc	提交状态	2006-10-20 18:47:16.0
4	知识产权证明	zxc	提交状态	2006-10-20 18:48:51.0
5	法定代表人基本情况表	zxc	提交状态	2006-10-20 18:49:04.0
6	高新技术企业专职科技和管理人员名单	zxc	编辑状态	2006-10-20 19:01:49.0
7	内资统计初始登记表	zxc	提交状态	2006-10-20 18:50:11.0

图 9.12　业务文档列表

表字段一览

序号	字段名称	字段类型	子字段	最大长度	说明
10	企业名称	字符型		60	
20	是否新办转入	字符型		0	
30	主要出资方1	字符型		50	
40	出资额1（万元）	小数型		15	
50	主要出资方2	字符型		50	
60	出资额2（万元）	小数型		15	
70	主要出资方3	字符型		50	
80	出资额3（万元）	小数型		15	
90	主要出资方4	字符型		50	
100	出资额4（万元）	小数型		15	
110	主要出资方5	字符型		50	
120	出资额5（万元）	小数型		15	
130	其他出资方	字符型		50	
140	其它出资额（万元）	小数型		15	
150	企业类型	字符型		3	
160	联系人	字符型		0	

图 9.13　文档字段列表

选择每一字段名称，可以对文档内容进行修改，如图 9.14 所示。

文档内容修改

是否新办转入	新办

图 9.14　文档内容图

9.5　扩展实验

请参照实验教材和本系统，找出一个内资高新技术企业入园业务的申请流程（详见第 11 章）所需要的所有表单，模仿一个 IT 行业的私有制企业进行入园申请，并根据实际需要对本企业申请入园所需要用到的文档的实际内容进行修改，进一步理解表单管理在电子政务系统中的作用和意义。

本章小结

通过本章实验的学习，读者能够对政务系统后台文档表单的管理有一个初步的认识，通过完成实验，体验系统开发的特点和原理，并能够按照一定的需求和原则来设计新的文档。

第10章 工作流模型的设计

内容提要

本章首先介绍了工作流模型设计的预备知识，包括什么是政务流程、政务流程设计的主要任务和方法，然后通过一个具体的工作流模型设计实验引导读者逐步认识并掌握什么是工作流，如何合理有序地设计和实现一个工作流模型。在实验步骤讲解中，对于工作流中涉及到的关键知识点，教材也给出了相应的点拨，做到了与预备知识部分相关理论的前后照应。

本章重点

- 建立工作流模型的方法。
- 工作流业务逻辑的设计。
- 工作流节点的设计。

10.1 实验预备知识

10.1.1 政务流程设计的主要任务

政务流程设计的主要任务是为特定的工作过程或工作环节规划和建立工作步骤集合,其主要内容如下所述。

(1) 明确具体对象,明确具体目标。要认真分析、考查有关的过程与环节是否具有重复发生的性质,是否需要,能否在总结优化的方法、顺序等成功经验的基础上确立流程;要高度明确建立流程的目的及需付出的代价。

(2) 明确有关过程与环节(流程对象)的目标与任务。应尽可能对任务的具体数量予以规定和说明。

(3) 确定有效完成任务所需要的工作步骤的内容与数量。要充分地进行分析论证,对工作环节、工作过程做出正确的分解,明确每个工作步骤在有效完成任务过程中的实际功能效用,取消一切没有价值的过程与操作,压缩工作步骤的数量,合并没有独立存在意义的工作步骤。

(4) 确定各工作步骤间合理的最佳次序。应保证这一次序是合法的,是正确反映工作活动内在逻辑关系的,是能使工作过程有效的。应尽力保证这一次序有助于取消或减少多余的重复作业,有助于减少各种浪费现象,有助于缩短空间距离(各种传输作业),有助于压缩用于等待的时间上的迟滞,有助于使重要的、紧急的、先决性的事务得到优先的处置;有助于发展有益的并行作业。

(5) 确定每个工作步骤应采用的方式、方法和技术手段,明确每个工作步骤所处的时间、空间条件,规定从事这些活动的工作人员应具备的素质和资格方面的条件。

(6) 以文字和图表等形式准确地表述上述分析规划的结果,形成流程说明、程序手册、流程图和决策表等文件。

10.1.2 政务流程设计的方法

下面介绍政务流程设计的基本方法。

(1) 取消。取消就是在流程中彻底清除那些没有存在价值的过程、环节、岗位、设备工具、制度标准、方法和操作等。在流程中,应当取消那些多余的、无用的、功能已被其他事物完全包含的,即没有存在必要的因素。

(2) 增加。增加就是增添必要的过程、环节、岗位、人员配备、资金投入、设备工具、空间、时间、制度标准和操作等。在既有流程中一定要增加缺乏的、同时又为流程合法有效所必不可少的因素。这种“加法”,主要就是进行增值的活动。

(3) 压缩。压缩就是降低、减少事物的规模和数量。压缩的对象主要是那些确有存在价值,但现有规模、数量和形式等超过实际需要的过程、环节、岗位、设备工具、制度标准、方法和操作等。

(4) 扩展。扩展就是扩大事物的规模和数量。扩展的对象主要是那些现有规模、数量和形式等还达不到实际需要的过程、环节、岗位、设备工具、制度标准、方法和操作等。

(5) 合并。合并就是将若干事物按照一定的联系归并为一个整体。合并的对象主要是那些实际上不具备独立存在理由的过程、环节、岗位、制度标准、方法和操作等。在流程优化中,只要若干部分归并为一后能扩展功能,甚至与原来同样有效,应当合并。

(6) 分开。分开与合并相对,是指让构成一个整体的部分分解开来,各自获得独立存在的条件。分开的对象主要是那些规模过于庞大、组成部分分解开来独立存在更有利的过程、环节和岗位等。

(7) 均衡。均衡是指在构成流程的因素之间建立一种和谐的关系,消除各种有碍整体优化的“局部化”和“局部劣化”现象,实现事物的均衡发展。

(8) 侧重。侧重就是有意打破既有流程中的平衡,以强化构成流程的某一部分或者某几部分因素,提高流程的整体效能。

(9) 替代。替代就是用更加简便有效、更加经济的事物代替既有的事物。在流程设计过程中,只要存在这种替代的必要和可能条件,就用新事物(或部分)去替代旧事物,以使流程足够简便、足够经济,更有生命力。

(10) 换位。换位就是对构成流程的因素的存现空间位置进行变换。在流程优化中,只要改变构成因素空间位置后,使流程更加流畅、经济、合理,就应当进行换位。换位所针对的主要是办公空间布局,工作岗位、设备和工具所处的具体位置等。

(11) 变序。变序就是改变既有流程中构成因素之间的时间顺序。时序应当是对客观规律性的正确反映,如果既有流程中的时序安排不合理,流程的功能将大大下降。因此,变序就成为流程优化的重要方法之一。

实际上,上述流程设计的基本方法需要根据具体情况,特别是根据实现流程具体目标的需要结合起来运用。

10.1.3 政务流程设计中的常用术语

政务流程设计中所涉及到的最基本的术语是“工作流模型”。工作流模型是工作任务的规则,它描述在一项工作任务中,参与的角色,角色要做的事情,以及各项任务之间的关系、先后次序、条件等。按照前面几节的介绍,将工作流模型称为政务流程模型更为恰当,但为了与电子政务系统中的叫法保持一致,本教材在后续实验中一律延续工作流模型的叫法,特此声明。

一个完整的工作流模型由若干个对象组成,这些对象是节点、任务、参与者、链路等。工作流中包含多个任务节点,节点和节点之间以流程链路相连,每个节点上定义参与的角色和要做的事项,从流程规定的起点开始执行节点上的操作,当一个节点上的工作任务做完,或数据满足一定的条件时,会按照链路上定义的规则,流向下一个任务节点,直到流到流程规定的终点。下面介绍这些对象。

(1) 节点:代表了一个工作流程在不同阶段的状态信息。节点上可以定义任务、参与者。

(2) 任务:定义在节点上特定的工作流工序,通常是指对表单文档的操作。

(3) 参与者:每个节点上被定义为可以由某个或某几个角色或用户进行操作,当某个符合这个角色和用户定义的用户进入该节点,并开始操作后,该节点就被锁定在这个用户上,直到该用户主动放弃这个锁定,或该用户不存在,才可以重新按照节点的定义由其他符合定义的用户进入。

(4) 链路:描述了节点之间的逻辑关系。

10.2 实验目的

通过本章实验的学习,读者应了解并掌握工作流模型的创建与编辑,同时应对工作流产生直观的认识。

10.3 实验内容及要求

本实验以中关村科技园区管委会关于“外资非高新技术企业变更”的业务背景为基础,建立相应的工作流模型,在实验过程中,读者将学习如何编辑工作流参数、设计工作流链路、工作流节点及任务。

本实验要求读者以系统管理员的身份,创建、编辑工作流,掌握工作流程的设计方法。

10.4　实验步骤

按照流程的观点，工作流模型就是由若干节点按照一定的逻辑关系构成的任务处理链，本实验将引导读者来构建一个工作流模型，思路如下：

(1) 建立一个工作流模型框架。

(2) 定义模型中所用到的任务。

(3) 创建节点，并将任务分配到节点上。

(4) 定义节点之间的链路关系。

下面介绍具体步骤。

第 1 步　新建工作流模型。

一个工作流模型在系统中对应着唯一的编号，称为工作流模型 ID，在该步骤中，将为新创建的工作流模型指定模型 ID 和名称。

在图 10.1 中，输入工作流模型 ID：WZ_NS2，然后输入工作流模型名称：外资非高新技术企业变更，单击“新建”按钮。新创建的工作流模型出现在如图 10.2 所示的工作流列表中。

图 10.1　新建工作流模型

第 2 步　定义工作流参数。

在如图 10.2 所示的工作流列表中，选择新建立的“外资非高新技术企业变更”，进入如图 10.3 所示的“编辑工作流任务”界面，在这里可以对已经创建过的工作流模型做进一步的编辑，例如指定工作流模型的状态、生存周期类型等。

WZ_NS2	外资非高新技术企业变更	admin	2003-03-20	admin	2005-01-15	编辑	UP DOWN
nwsb01	因公出国申办程序	admin	2002-12-26	admin	2003-01-15	发布	UP DOWN
nwsb02	因公出国申办程序(随团)	admin	2002-12-26	admin	2003-01-07	发布	UP DOWN
nwsb03	因公出国申办程序(一年多次往返)	admin	2002-12-26	admin	2003-01-07	发布	UP DOWN
nwsb04	因公赴港澳申办程序	admin	2002-12-26	admin	2003-02-12	发布	UP DOWN
nwsb05	因公赴台申办程序	admin	2002-12-26	admin	2002-12-28	发布	UP DOWN

图 10.2　工作流列表

编辑工作流任务

工作流模型

工作流标识符:	WZ_NS2	创建者:	admin
工作流名称:	外资非高新技术企业变更	创建日期:	2003-03-20
修改者:	admin	修改日期:	2005-01-15
复合名称	不能	生存周期类型	无限制
状态:	○ 发布 ◉ 编辑 ○ 删除		

提交 重置

图 10.3 “编辑工作流任务”界面

下面对图 10.3 中所涉及的工作流模型参数加以说明。

“复合名称”表示企业是否可以给该项业务起名，在本次实验中，选择“不能”，即企业不可以给该项业务起名。

“生存周期类型”表示该项业务的办理次数限制，其中，“入园”只能“一生一次”，“年审”只能“一年一次”。在这里选择“无限制”。

“状态”共有三项：发布、编辑、删除。其中，“编辑”指企业不能申请，后台可以编辑；“发布”指企业可以申请，后台不能编辑；“删除”指可以删除。这里选择“编辑”。

设置完工作流模型参数之后，单击左上角的“编辑工作流任务”，可以进入新的“编辑工作流任务”界面。

第 3 步　为工作流模型添加任务。

本步骤将添加“外资非高新技术企业变更”工作流模型中所用到的所有任务，这些任务将在第 6 步的“添加节点任务”中使用。下面首先介绍“任务”这个术语。

工作流由一系列任务按照一定的逻辑关系组合而成。任务就是工作流所要执行的具体工作，在实际系统中，可根据业务流程需要将任务分类。本实验系统共定义了三种类型的任务：文档任务、提示任务和特殊任务。下面结合流程来介绍如何在工作流模型上添加和编辑这三类任务，此过程中需要添加工作流中涉及的全部任务。

1. 文档任务

顾名思义，文档任务的执行通常对应着若干个文档或表单的处理，这是政务流程中最普遍的一类任务。

“添加任务文档任务”界面如图 10.4 所示，可以方便地从定制好的文档模板中选取工作流模型中所要用到的文档和表单，选择完毕，单击“提交”按钮，将任务添加到工作流模型中。关于文档模板管理，请参见第 9 章。

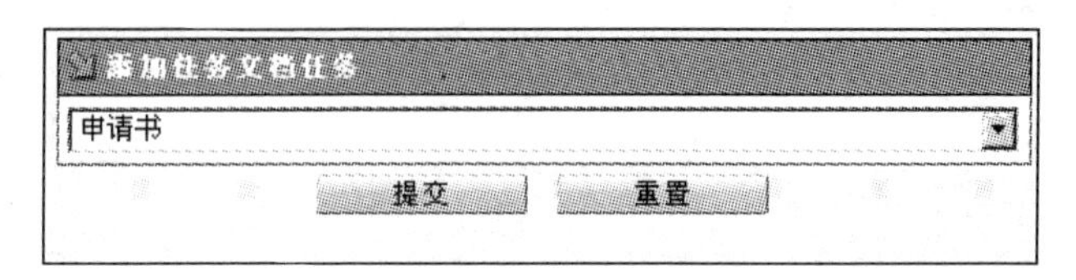

图 10.4　“添加任务文档任务”界面

2. 特殊任务

特殊任务指需要特殊处理的表单，如特殊的页面效果要求等。在本实验系统中，特殊任务上定义了为完成任务而需要运行的特殊的应用的 URL 地址。

在图 10.5 中，输入特殊任务名称和特殊任务地址后，单击“提交”按钮可将任务添加到工作流模型中。

其中，特殊任务地址是指具体的 JSP 页面位置。

3. 提示任务

提示任务是指为办公人员出示提示信息的一类任务，如企业用户在办理特定的审批业务时需携带哪些资料，就可以在提示任务上定义这些提示性信息。

在工作流模型中添加提示任务，只需要在如图 10.6 所示的界面中输入提示任务的名称，然后单击“提交”按钮。

系统管理员可以根据实际需要在工作流中添加任务，“外资非高新技术企业变更”工作流模型上的任务添加情况如图 10.7 所示，其中，任务的排序与实际业务要求无关。

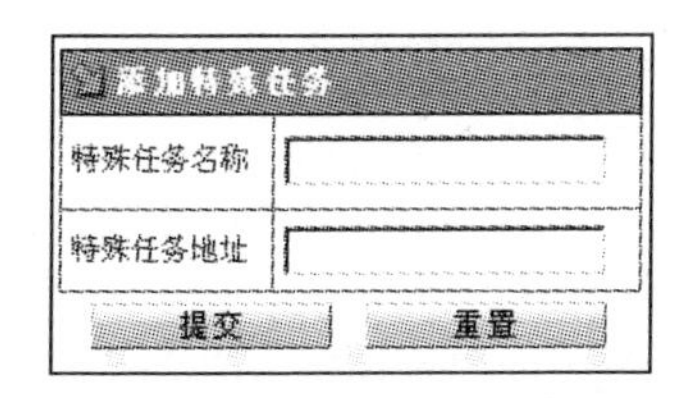

图 10.5　“添加特殊任务”界面

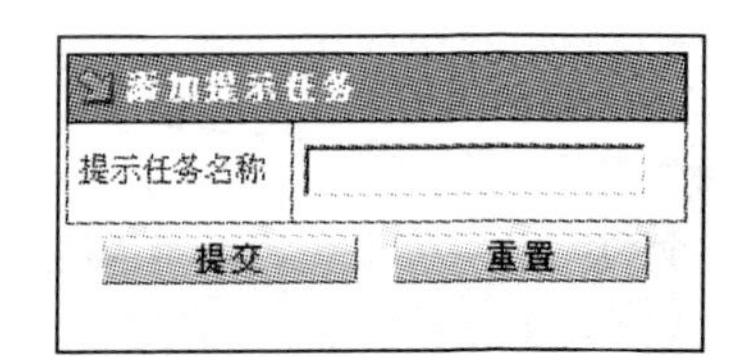

图 10.6　“添加提示任务”界面

任务列表

序号	名称	类型	任务描述	排序	删除
1	企业选择变更项	特殊任务	企业选择变更项，并填写相应的变更业务表单。	降	删除
2	企业名称	提示任务		升 降	删除
3	变更后经营项目的说明及技术、经济效益分析（原件，待签字）	文档任务		升 降	删除
4	投资方对原董事的撤换报告（原件，待签字）	文档任务		升 降	删除
5	投资方对新董事的委派书（由派出单位法人代表签署）（原件，待签字）	文档任务		升 降	删除
6	股权变更后的董事会成员名单（原件，待盖章）	文档任务		升 降	删除
7	合同修改协议书（原件、待签字）（独资企业不需要）	文档任务		升 降	删除
8	股权转让协议（原件，待签字）	文档任务		升 降	删除
9	外国投资者购买境内公司股东股权或认购境内公司增资的协议（原件，待签字）	文档任务		升 降	删除
10	企业董事会决议（原件，待签字）	文档任务		升 降	删除
11	企业关于债权债务的说明（原件，待签字）	文档任务		升 降	删除
12	章程修改决议书（原件、待签字）	文档任务		升 降	删除
13	企业关于变更XX的请示（原件，待签字）	文档任务		升 降	删除
14	企业基本情况变更表1	文档任务		升 降	删除
15	投资情况变更表（非高新企业）	文档任务		升 降	删除
16	法定代表基本信息变更表	文档任务		升 降	删除
17	董事会组成情况	文档任务		升	删除

图 10.7 “外资非高新技术企业变更”模型上的任务添加情况

第 4 步 添加工作流模型节点。

节点包含着工作流在不同状态的信息，同时它还是任务的载体。下面介绍如何定义节点。

“工作流模型节点”界面如图 10.8 所示。在这里定义节点，即完成业务所需要的步骤。开始节点、结束节点由系统定义，申请节点和审批节点需要定制，单击节点名称，可以编辑节点；单击排序中的升降，可以改变显示的顺序。

工作流模型节点

节点名称	类型	入口逻辑	自动出口？	多路出口？	打印节点？	排序	删除
开始节点	开始节点	或	是	是	否		
结束节点	终止节点	或	是	是	否		
创建新节点：	节点 ID： 节点名称： 节点类型： ◉ 申请节点 ○ 审批节点 处理天数： 警告天数： 打印节点： ☐ 提交　重置						

图 10.8 “工作流模型节点”界面

下面结合图 10.8 介绍一个新定义的节点包含的信息。

（1）“节点 ID”：节点的唯一标志。

（2）“节点名称”：节点的名称，企业可以看到。

（3）“节点类型”：分为开始、终止、申请、审批节点四类。在一个工作流模型中，开始和终止节点分别代表工作流的开始和结束状态，而申请和审批节点可根据业务需要设定，没有数目限制。通常，申请节点主要是企业及公众用户，而审批节点主要的参与者是政务审批用户。在本实验中，企业填报、打印材料节点是申请节点，其他为审批节点。

（4）“处理天数”：表示用户完成节点上的任务的期限，若超过处理天数，系统将对用户亮红灯，以示提醒。

（5）“警告天数”：超过警告天数为黄灯，期限内为绿灯。

（6）打印节点：表示该节点上有需要打印的文档，若需要打印文档时，应将打印节点所对应的复选框选中。

在图 10.8 中依次创建“企业填报”、“主管审批”等一系列节点，节点添加成功后的界面如图 10.9 所示。

工作流模型节点

节点名称	类型	入口逻辑	自动出口？	多路出口？	打印节点？	排序	删除
开始节点	开始节点	或	是	是	否		
企业填报	申请节点	或	是	是	否	降	删除
主管审批	审批节点	或	是	是	否	升 降	删除
外经办主任审批	审批节点	或	是	是	否	升 降	删除
园区主任审批	审批节点	或	是	是	否	升 降	删除
证书人员审批	审批节点	或	是	是	否	升 降	删除
企业打印	申请节点	或	是	是	是	升	删除
结束节点	终止节点	或	是	是	否		

创建新节点：

节 点 ID：

节点名称：

节点类型：◉ 申请节点 ○ 审批节点

处理天数：

警告天数：

打印节点：☐

提交　重置

图 10.9　“外资非高新技术企业变更”模型上的节点添加成功后的界面

第 5 步　创建工作流链路。

第 4 步定义了工作流模型上的节点，这些节点组成了一个无序的集合，只有将这些无序的节点按照一定的逻辑规则组合起来，才能成为有实际价值的工作流程。为此，需要创建工作流链路，工作流链路即节点间的逻辑关系，通常节点之间的逻辑关系有多路和单路之分。多路是指在工作流的某环节执行上出现一路以上的执行通路的情况，具体讲又包括多路汇聚、多路发散等逻辑关系。单路是指工作流的执行自始至终只有一条通路,不存在多路选择的情况,单路逻辑关系中又分为单向和双向两种关系。本步骤中要构造的工作流链路就是一种单路双向的逻辑关系。下面介绍创建工作流链路。

1. 创建链路

在图 10.10 中输入链路名称,选择链路的前置节点和后置节点,然后提交。在本次实验中,根据实际的工作需要添加了如图 10.11 所示的若干条链路。

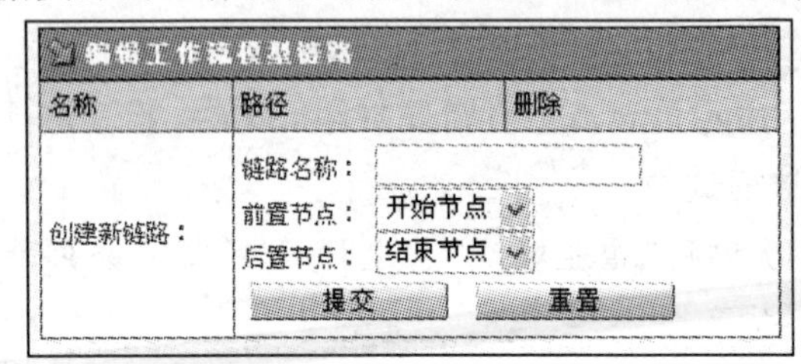

图 10.10 创建工作流模型链路

2. 编辑链路

对于已经创建的链路,可以进行编辑。在图 10.11 中选择待编辑的链路名称,可以进入链路的编辑界面,例如“进入主管审批”链路的编辑界面如图 10.12 所示。

编辑工作流模型链路

名称	路径	删除
进入证书审批	园区主任审批 >>> 证书人员审批	删除
审批通过	证书人员审批 >>> 结束节点	删除
正在申请	开始节点 >>> 企业填报	删除
进入主管审批	企业填报 >>> 主管审批	删除
进入外经办主任审批	主管审批 >>> 外经办主任审批	删除
进入园区主任审批	外经办主任审批 >>> 园区主任审批	删除
园区主任驳回企业	园区主任审批 >>> 企业填报	删除
园区主任驳回下级	园区主任审批 >>> 外经办主任审批	删除
主管驳回企业	主管审批 >>> 企业填报	删除
外经办主任驳回企业	外经办主任审批 >>> 企业填报	删除
外经办主任驳回下级	外经办主任审批 >>> 主管审批	删除
证书驳回企业	证书人员审批 >>> 企业填报	删除
企业打印	园区主任审批 >>> 企业打印	删除
创建新链路:	链路名称: 前置节点: 开始节点 后置节点: 企业填报 提交 重置	

图 10.11 “外资非高新技术企业变更”模型上的链路创建情况

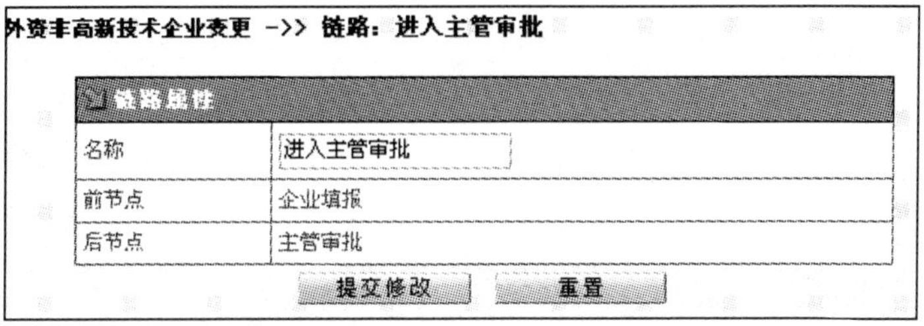

外资非高新技术企业变更 ->> 链路：进入主管审批

链路属性	
名称	进入主管审批
前节点	企业填报
后节点	主管审批

提交修改　重置

图 10.12　"进入主管审批"链路的编辑界面

第 6 步　编辑节点。

对于在第 4 步定义的节点，本步骤中将做进一步的编辑，编辑过程中将为节点添加下述三类内容。

（1）节点的参与者：解决的是谁能够访问节点的问题。

（2）节点上的任务：解决的是在节点上能访问什么资源的问题。

（3）节点审批结果：表示的是对于节点的最终审批意见，审批结果将决定工作流的流向。

1. 添加节点上的参与者

选择第 4 步中建立好的"主管审批"节点，进入"节点定义"界面，如图 10.13 所示。"主管审批"节点属于"审批节点"，需要在"参与者参数"框中根据实际业务流程选择"外经工作部/主管"。注：关于参与者中所列出的各个用户角色的内容，读者可参见第 8 章。

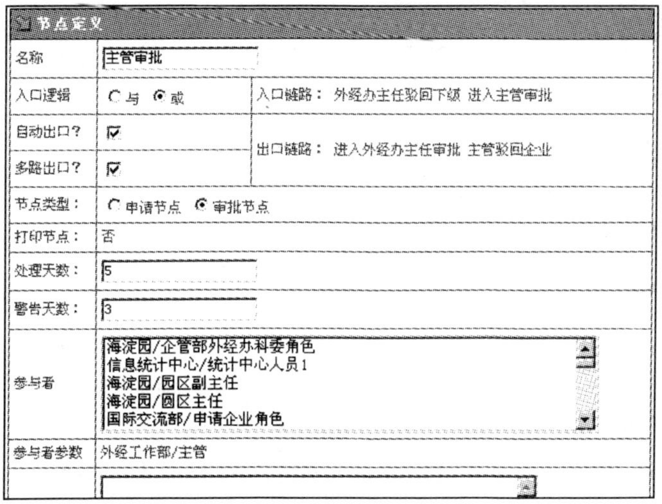

节点定义		
名称	主管审批	
入口逻辑	○与 ⊙或	入口链路：外经办主任驳回下级 进入主管审批
自动出口？	☑	出口链路：进入外经办主任审批 主管驳回企业
多路出口？	☑	
节点类型：	○申请节点 ⊙审批节点	
打印节点：	否	
处理天数：	5	
警告天数：	3	
参与者	海淀园/企管部外经办科委角色 信息统计中心/统计中心人员1 海淀园/园区副主任 海淀园/园区主任 国际交流部/申请企业角色	
参与者参数	外经工作部/主管	

图 10.13　"节点定义"界面

2. 添加节点任务

添加节点任务要完成的工作是，将第3步中所添加的工作流任务，按照实际的工作流程需要分配到第4步定义的各个节点上，使工作流的任务可以在各个节点上完成。下面通过在“主管审批”节点上添加任务为例来介绍往节点上添加任务的方法。

如图10.14所示，在“为节点添加任务”一栏中，从列表中选取已在第3步中添加的任务。其中“读”表示只读；“写”表示可以填写，用在企业填报节点上；“审批”表示只读，用于文件审批，可以对此文档添加审批意见即通过或驳回。“必要任务”和“不必要任务”表示对于必要任务的文件审批，审批人员必须给予审批结果才能对此项业务进行总的审批；若文件审批出现驳回，总的审批则只能选择驳回。

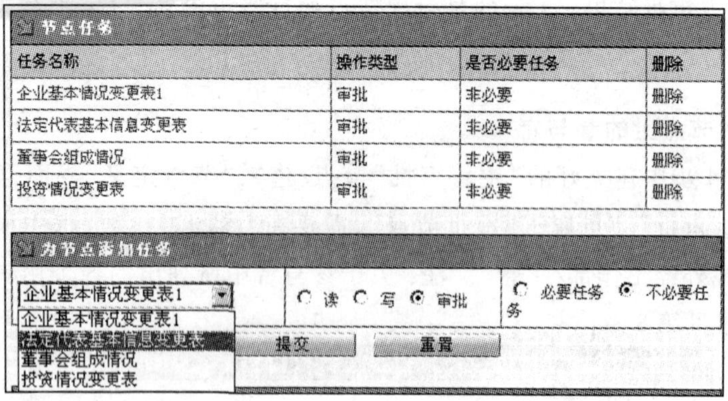

节点任务

任务名称	操作类型	是否必要任务	删除
企业基本情况变更表1	审批	非必要	删除
法定代表基本信息变更表	审批	非必要	删除
董事会组成情况	审批	非必要	删除
投资情况变更表	审批	非必要	删除

为节点添加任务

企业基本情况变更表1 ○读 ○写 ◉审批 ○必要任务 ◉不必要任务

企业基本情况变更表1
法定代表基本信息变更表
董事会组成情况
投资情况变更表

提交 重置

图10.14 为“主管审批”节点添加任务

对于通过的文档，企业不能编辑，对驳回的文档可以编辑。

在“为节点添加任务”栏中选择“法定代表基本信息变更表”，选择“审批”和“不必要任务”后提交。

对于如何添加其他的节点任务，主要取决于管理员如何设计工作流的任务，此处不再赘述。

3. 添加审批结果

如图10.15所示，在“节点审批模板”一栏中，可添加审批结果。

下面结合图10.15来说明各个编辑项的内容。

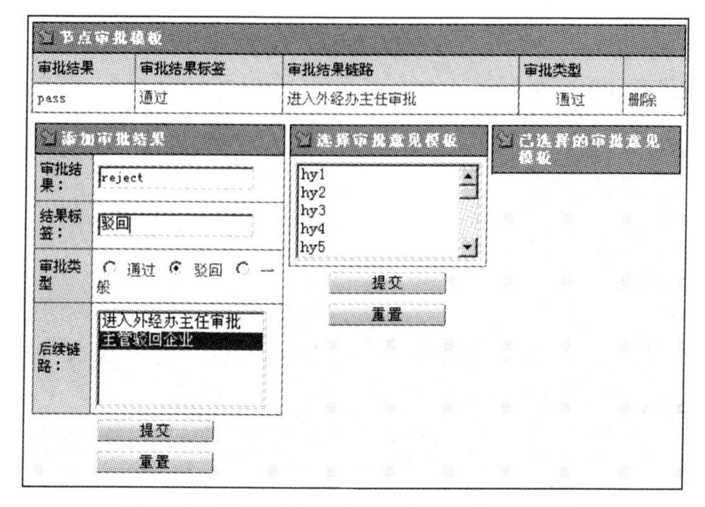

图10.15　为“主管审批”节点添加审批结果

（1）“审批结果”：用来代表该审批结果的唯一标志，应使用英文字母和数字。

（2）“结果标签”：表示审批结果的名称，将用于审批用户平台的按钮文本上。

（3）“审批类型”：表示该审批结果的类型，包括“通过”、“驳回”和“一般”。“通过”和“驳回”将直接影响后续链路的走向，而“一般”指此项审批结果不对链路走向产生影响。

（4）“后续链路”：用来定义在不同审批结果下，审批后链路的走向。

4．选择审批意见模板

选择审批意见模板是指添加工作人员审批用的模板，而非文件审批用的模板。

在如图10.16所示的界面中选择“建议认定为新技术产品”，提交后，该意见模板显示在“已选择的审批意见模板”中。至此，工作流的创建与编辑工作完成。

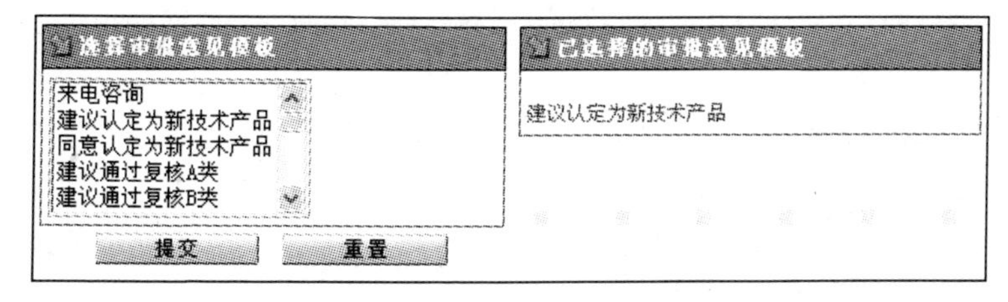

图10.16　为节点添加审批意见模板

10.5 扩展实验

参照本章实验，请读者独立设计一个工作流模型，以体会工作流模型中的链路、节点、任务的设计方法。

本章小结

通过本章实验的学习，读者能够对政务流程有进一步的认识，并能够按照一定的方法和原则来设计流程。

第11章 政务流程实验一——内资高新技术企业入园流程

内容提要

本章以及后续第12章、第13章的实验均属于业务流程实验，首先介绍了内资高新技术企业入园申请与审批实验所涉及的政务背景知识，包括实验的政务流程、链路逻辑等，然后通过具体的实验步骤引导读者逐步认识并体会政务流程。在实验步骤讲解中，对于政务流程实验中涉及到的关键知识点，教材也给出了相应的点拨，做到了理论与实践知识的融会贯通。

本章重点

- 实践并体会企业及公众用户的注册流程。
- 实践并体会政务审批平台的审批流程。
- 体会政务流程中不同角色用户参与并配合完成一个流程的特点。

11.1 政务背景介绍

本实验以“内资高新技术企业入园申请与审批”为实例说明企业入园过程的流程及该过程中不同角色用户的典型操作。

“内资高新技术企业入园申请与审批”实验的工作流模型为开始→企业填报→行业审批→部长审批→打印材料→证书审批→结束，该工作流模型的节点和链路如图11.1所示。

工作流模型节点

节点名称	类型	入口逻辑	自动出口?	多路出口?	打印节点?	排序	删除
开始节点	开始节点	或	是	是	否		
企业填报	申请节点	或	是	是	否	降	
行业审批	审批节点	或	是	是	否	升 降	
部长审批	审批节点	或	是	是	否	升 降	
打印材料	申请节点	或	是	是	是	升 降	
证书审批	审批节点	或	是	是	否	升	
结束节点	终止节点	或	是	是	否		

编辑工作流模型链路

名称	路径	删除
证书通过	证书审批 >>> 结束节点	
正在申请	开始节点 >>> 企业填报	
进入行业审批	企业填报 >>> 行业审批	
行业审批通过	行业审批 >>> 部长审批	
部长审批通过	部长审批 >>> 证书审批	
部长驳回行业	部长审批 >>> 行业审批	
行业驳回企业	行业审批 >>> 企业填报	
证书驳回部长	证书审批 >>> 部长审批	
企业打印	部长审批 >>> 打印材料	

图11.1 “内资高新技术企业入园申请与审批”流程模型的节点和链路

基于本实验的工作流模型的业务流程及各个阶段的参与者如图11.2所示。

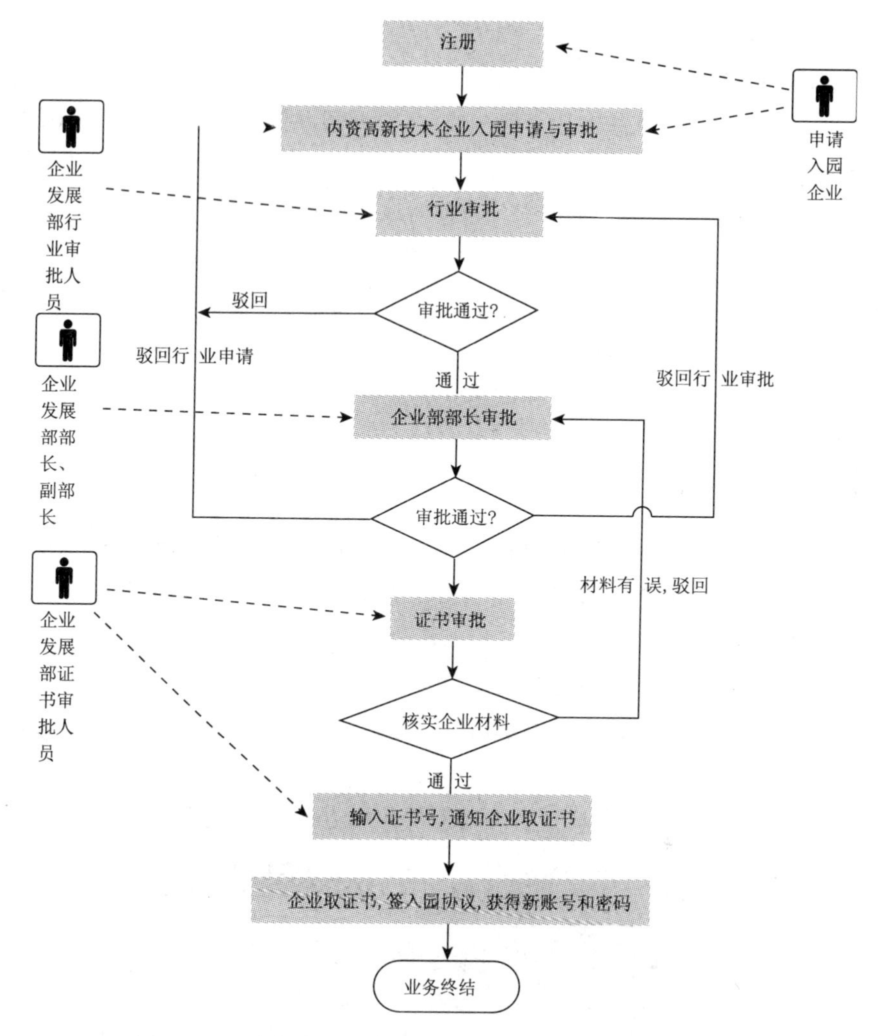

图 11.2　“内资高新技术企业入园申请与审批”流程示意图

11.2　实验目的

本实验目的如下：

（1）熟悉电子政务系统的企业用户办公平台和政务审批平台的功能。

（2）熟悉内资高新技术企业入园政务流程。

11.3 实验内容及要求

(1) 将参加实验的人按角色分为三组[入科技园办事企业、科技园区工作者(行业审批人员、部长、证书审批人员)、系统管理员]进行模拟实验。实验完成后,可以互换角色再进行一次或多次相同实验,以便对该流程有一个全面的认识。

(2) 试着对实验中的业务流程节点做分岔选择(如在进行“通过”和“驳回”选择时可以做两次实验:一次选择“通过”,另一次选择“驳回”),对比实验结果,充分理解电子政务流程走向。

(3) 实验完成后,按照附录 A 的格式完成实验报告。

11.4 实验步骤

与前面的实验不同,本实验要由三类不同的角色用户共同参与来完成,而且在实验的不同阶段,由不同的角色用户参与完成。下面分步骤加以介绍。

第 1 步 企业用户注册。

这是政务流程开始阶段,参与者是企业用户。

(1) 进入北京交通大学电子政务模拟系统的企业及公众用户平台登录界面,如图 11.3 所示。

注:关于企业及公众用户平台的功能及使用方法可参见第 7 章。

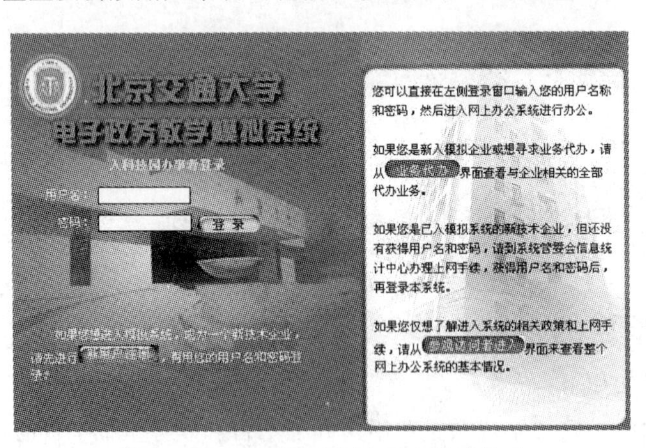

图 11.3 企业及公众用户平台登录界面

(2) 在图 11.3 中单击“新用户注册”按钮,出现如图 11.4 所示的界面。

图 11.4 显示的是网上办公协议,如果用户对协议的内容满意,就单击界面 1

下方的“接受协议”按钮，进入如图 11.5 所示的界面 2。

注：只有接受网上办公协议，才可以使用网上办公系统进行办公。

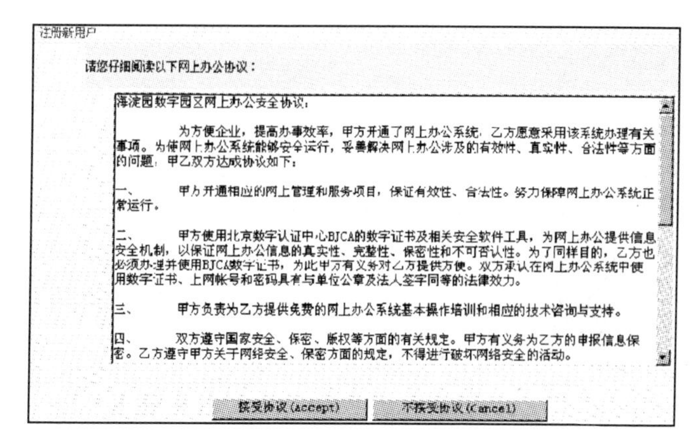
注册新用户

请您仔细阅读以下网上办公协议：

海淀园数字园区网上办公安全协议：

为方便企业，提高办事效率，甲方开通了网上办公系统，乙方愿意采用该系统办理有关事项。为使网上办公系统能够安全运行，妥善解决网上办公涉及的有效性、真实性、合法性等方面的问题，甲乙双方达成协议如下：

一、　甲方开通相应的网上管理和服务项目，保证有效性、合法性。努力保障网上办公系统正常运行。

二、　甲方使用北京数字认证中心BJCA的数字证书及相关安全软件工具，为网上办公提供信息安全机制，以保证网上办公信息的真实性、完整性、保密性和不可否认性。为了同样目的，乙方也必须办理并使用BJCA数字证书，为此甲方有义务对乙方提供方便。双方承认在网上办公系统中使用数字证书、上网帐号和密码具有与单位公章及法人签字同等的法律效力。

三、　甲方负责为乙方提供免费的网上办公系统基本操作培训和相应的技术咨询与支持。

四、　双方遵守国家安全、保密、版权等方面的有关规定。甲方有义务为乙方的申报信息保密。乙方遵守甲方关于网络安全、保密方面的规定，不得进行破坏网络安全的活动。

接受协议(accept)　不接受协议(Cancel)

图 11.4　“注册新用户”界面 1

注册新用户

注意事项：

1、用户名必须控制在3-15位，并以英文字母开头；

2、可以由阿拉伯数字(0-9)、英文字母(a-z)和下划线(_)组成，字符之间不能有空格；

3、红色*为必填项。

请输入您要申请的用户名：nz0001 *

确定

图 11.5　“注册新用户”界面 2

(3) 如图 11.5 所示，在“请输入您要申请的用户名”框中输入用户名(nz0001)，单击“确定”按钮，进入如图 11.6 所示的界面 3。

在图 11.6 中，如果输入的用户名已经存在，那么单击“确定”按钮后，会出现如图 11.7 所示的界面，单击“返回”按钮，输入新的用户名。

(4) 在图 11.6 中，输入密码和企业的基本信息后，单击“确定”按钮，进入如图 11.8 所示的界面。

注：在图 11.6 中，对带星号的项必须填写。

(5) 在图 11.8 中，显示了企业注册的用户名、密码和企业的基本信息，单击界面下方的“确认”按钮，进入如图 11.9 所示的界面。

注册新用户

填写须知：请详细填写如下信息，红色*为必填项。密码必须大于一位小于32位并且中间不能含有空格。

用户密码	••• *	
重新输入密码	••• *	
企业名称	交大校办企业 *请输入完整的企业名称	
注册地址	交大科技园 *	
联系电话	01051681234	
电子邮件	yb@njtu.edu.cn	
注册资本(万元)	1000 万元人民币 *	
企业类型	请选择大类：股份制（合作） 私营企业 全民所有制 集体所有制 联营 其他内资 *	请选择小类：--请选择小类-- 国有企业 *
	请选择大类：	请选择小类：

图 11.6 “注册新用户”界面 3

11.7 注册用户名无效界面

请您仔细核对以下注册信息，确认无误后点击确定即可申请成功，如果需要修改，请点击返回按钮。

您的用户名	nz0001
您的密码	123
企业名称	交大校办企业
注册地址	交大科技园
联系电话	01051681234
电子邮件	yb@njtu.edu.cn
注册资本原币币别	万元人民币
注册资本原币	1000 （万元）
注册资本	1000.0000 （折万元人民币）
企业类型	国有企业
主要技术领域	大类：计算机软件　中类：计算机软件

确认　返回

图 11.8 “注册新用户”界面 4

(6) 在图 11.9 中,系统给出了一些提示信息,单击“关闭”按钮,新用户注册成功。

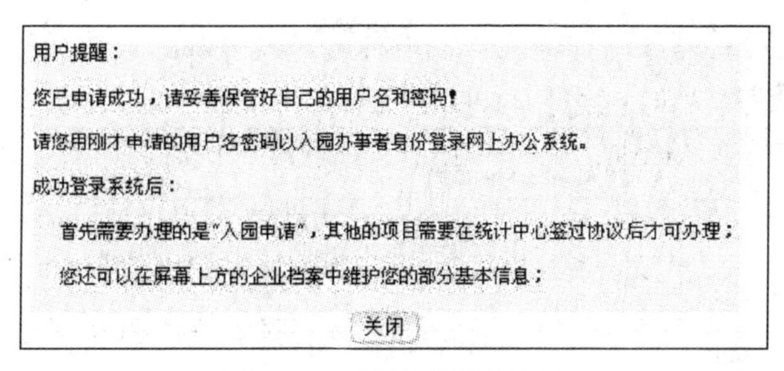

图 11.9　“用户提醒”界面

第 2 步　企业申请入园。

(1) 重新打开企业及公众用户平台登录界面(如图 11.3 所示),输入第 1 步中注册的用户名和密码,单击“登录”按钮,进入到企业及公众用户办公平台界面,如图 11.10 所示。

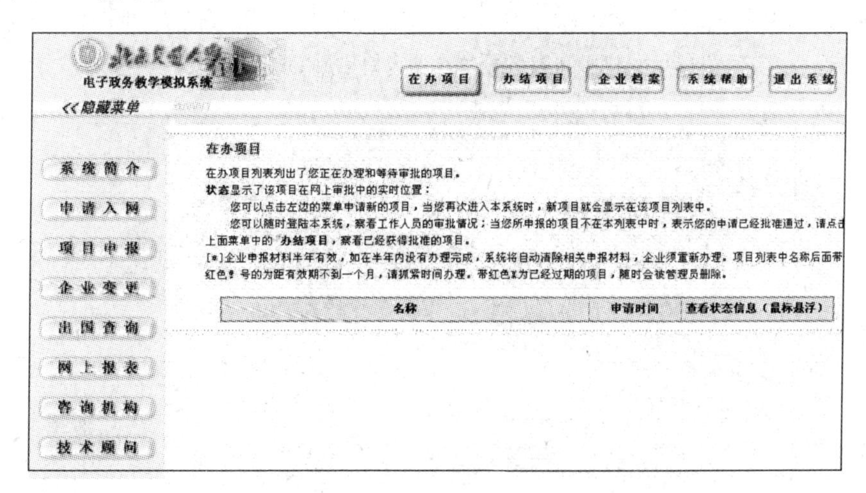

图 11.10　企业及公众用户办公平台界面

(2) 单击菜单栏的“申请入网”项,将会出现如图 11.11 所示的界面,在该界面中可以办理内资高新技术企业入园申请流程。

注:如果是外资企业,将会出现如图 11.12 所示的界面,外资企业入园申请的步骤与内资企业的类似。

(3) 在图 11.11 中,单击项目名称“内资高新技术企业入园申请与审批”,进入如图 11.13 所示的界面。

(4) 在“项目名称”框中输入项目名称:交大内资企业入园申请,单击“开始

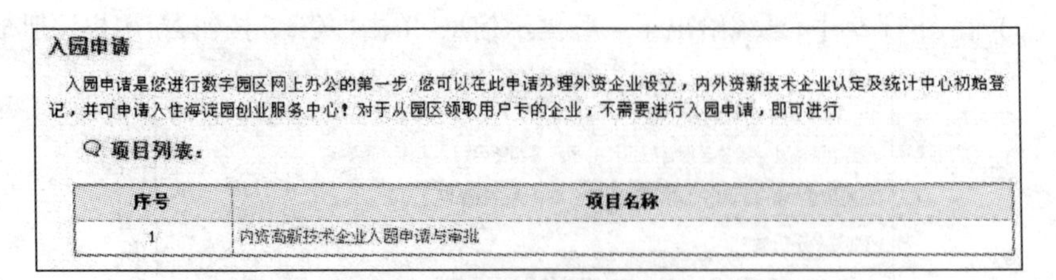

图 11.11 “内资高新技术企业入园申请”界面

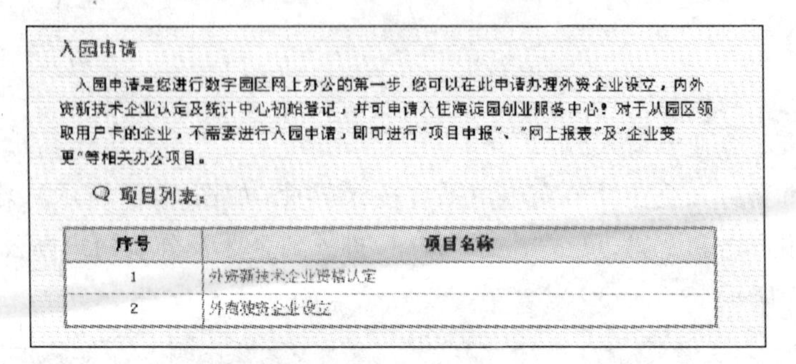

图 11.12 “外资企业入园申请”界面

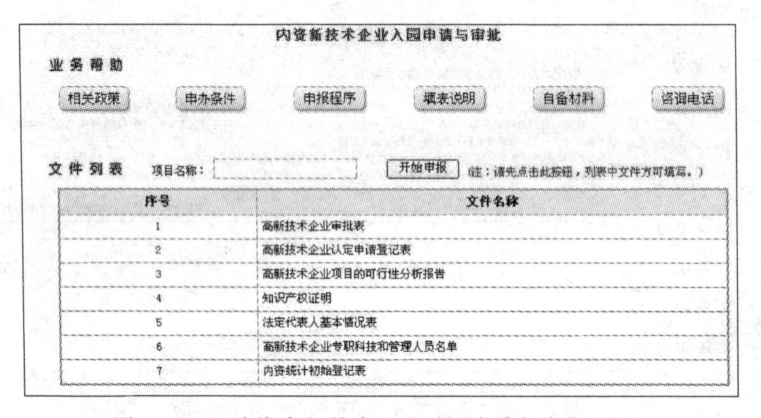

图 11.13 “内资高新技术企业入园申请与审批”界面

申报”按钮,进入如图 11.14 所示的界面。

注：在此处输入项目名称是为了方便审批人员区分不同企业的内资入园申请。

(5) 图 11.14 列出了“内资新技术企业入园申请与审批”流程需提交的文件。单击文件名称完成相应文件的提交。例如,单击“高新技术企业审批表”,进入如图 11.15 所示的界面。

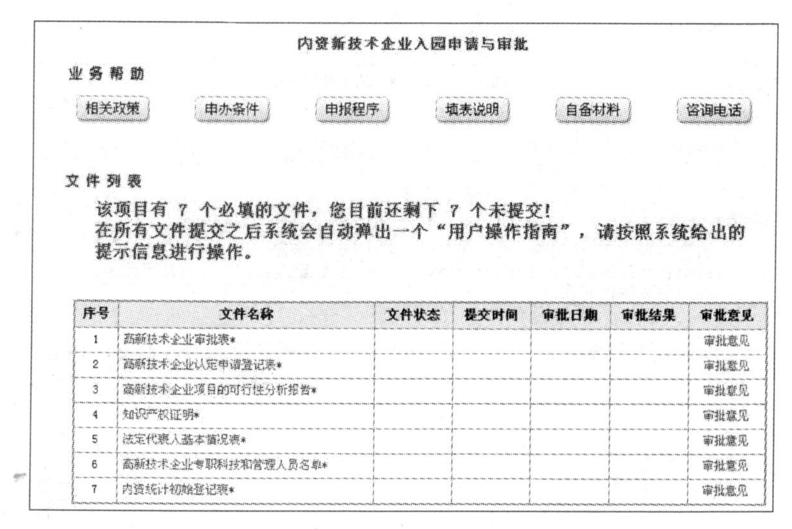

内资新技术企业入园申请与审批

业务帮助

相关政策　申办条件　申报程序　填表说明　自备材料　咨询电话

文件列表

该项目有 7 个必填的文件，您目前还剩下 7 个未提交！
在所有文件提交之后系统会自动弹出一个“用户操作指南”，请按照系统给出的提示信息进行操作。

序号	文件名称	文件状态	提交时间	审批日期	审批结果	审批意见
1	高新技术企业审批表*					审批意见
2	高新技术企业认定申请登记表*					审批意见
3	高新技术企业项目的可行性分析报告*					审批意见
4	知识产权证明*					审批意见
5	法定代表人基本情况表*					审批意见
6	高新技术企业专职科技和管理人员名单*					审批意见
7	内资统计初始登记表*					审批意见

图 11.14　需提交的文件列表

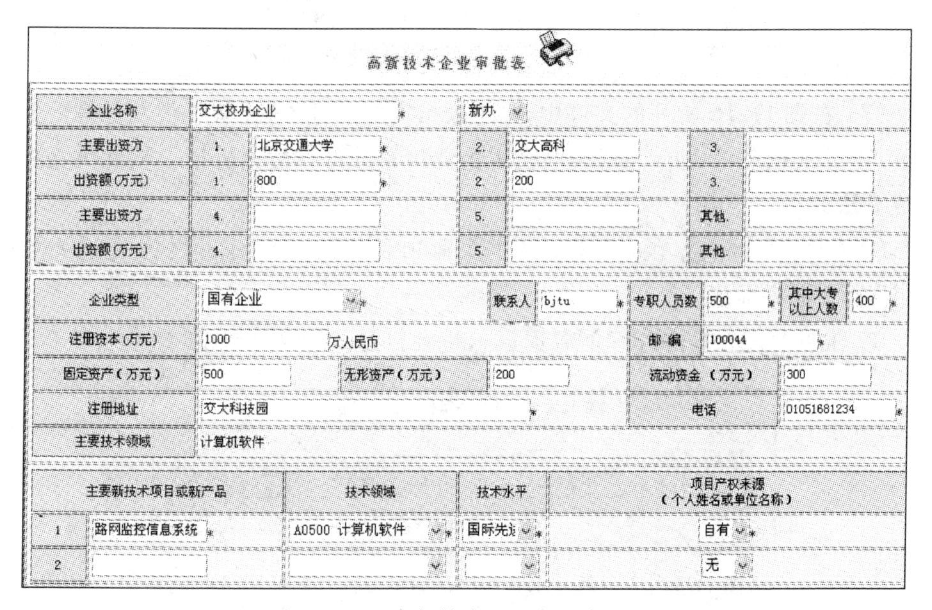

高新技术企业审批表

企业名称	交大校办企业*	新办			
主要出资方	1. 北京交通大学*	2.	交大高科	3.	
出资额(万元)	1. 800*	2.	200	3.	
主要出资方	4.	5.		其他.	
出资额(万元)	4.	5.		其他.	

企业类型	国有企业*	联系人	bjtu*	专职人员数	500*	其中大专以上人数	400*
注册资本(万元)	1000 万人民币			邮编	100044*		
固定资产(万元)	500	无形资产(万元)	200	流动资金(万元)	300		
注册地址	交大科技园*			电话	01051681234*		
主要技术领域	计算机软件						

	主要新技术项目或新产品	技术领域	技术水平	项目产权来源（个人姓名或单位名称）
1	路网监控信息系统*	A0500 计算机软件*	国际先进*	自有*
2				无

图 11.15　“高新技术企业审批表”界面

(6) 按图 11.15 所示内容填写完表格后，单击下方的“确定”按钮，该文件提交完成，出现如图 11.16 所示的界面。将图 11.16 与 11.14 进行对比，可以看到“高新技术企业审批表”的文件状态变成“提交状态”，而且也有了提交时间，这就可以确定此文件完成了。其他表格类的文件和“高新技术企业审批表”完成的方法一样,不再复述。

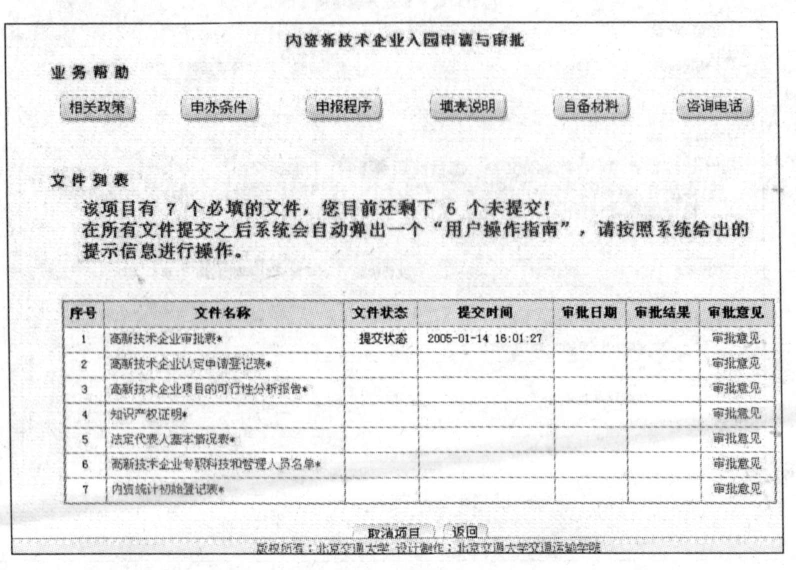

图 11.16 处于提交状态的“高新技术企业审批表”

(7) 在图 11.16 所列的文件中,除了表格类的文件外,还有一类文件是需要上传的 Word 文档(*.doc),如“高新技术企业项目的可行性分析报告”,此类文件的完成方法如下:

① 在图 11.16 中,单击“高新技术企业项目的可行性分析报告”,进入如图 11.17 所示的界面。

② 在图 11.17 中,单击“下载模板”,将会打开一个 Word 文档。

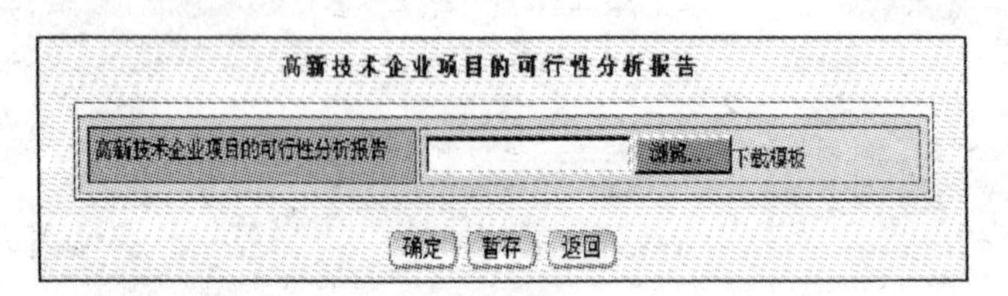

图 11.17 “高新技术企业项目的可行性分析报告”界面

③ 将打开的 Word 文档保存在本地计算机上。操作方法是:单击主菜单中的“文件”,在其下拉式菜单中选择“另存为”,在弹出的窗口中选择保存的路径,然后单击“保存”按钮。

④ 在本地计算机上打开刚刚保存的 Word 文档,完成此文档并保存。注:此步骤可以退出网上办公系统进行,也可以断开网络进行。

⑤ 重新登录网上办公系统,进入如图 11.17 所示的界面。单击“浏览”按钮,进入如图 11.18 所示的对话框。

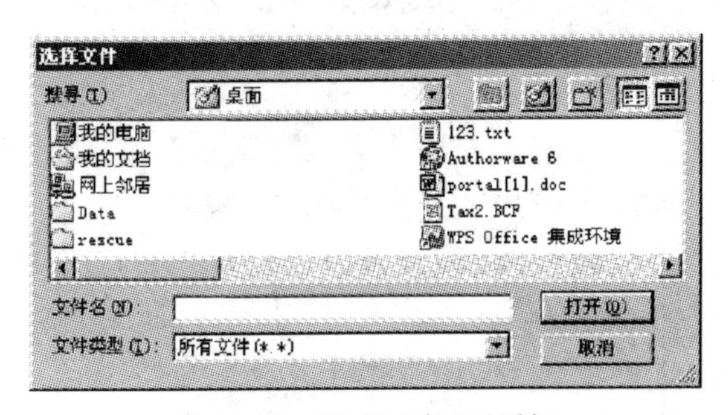

图 11.18　“选择文件”对话框

⑥ 在图 11.18 中,找到 Word 文档的保存路径,单击“打开”按钮,出现如图 11.19 所示的界面。

图 11.19　“高新技术企业项目的可行性分析报告”界面

⑦ 如图 11.19 所示,可以看到在“新技术企业项目的可行性分析报告”框中出现了文件的路径,单击界面下方的“确定”按钮,此 Word 文档上传成功。

⑧ 按照上面的方法将所有的文件编辑和提交(如图 11.20 所示)后,系统将自动弹出如图 11.21 所示的提示窗口,单击“提交整个申请”,将“入园申请“的文件提交给主管部门。

序号	文件名称	文件状态	提交时间	审批日期	审批结果	审批意见
1	高新技术企业审批表*	提交状态	2005-01-14 16:01:27			审批意见
2	高新技术企业认定申请登记表*	提交状态	2005-01-14 16:05:48			审批意见
3	高新技术企业项目的可行性分析报告*	提交状态	2005-01-14 16:05:53			审批意见
4	知识产权证明*	提交状态	2005-01-14 16:06:11			审批意见
5	法定代表人基本情况表*	提交状态	2005-01-14 16:06:15			审批意见
6	高新技术企业专职科技和管理人员名单*	提交状态	2005-01-14 16:06:18			审批意见
7	内资统计初始登记表*	提交状态	2005-01-14 16:09:45			审批意见

图 11.20　流程中的所有文件均处于提交状态

⑨ 在图 11.21 中,单击“提交整个申请”按钮,出现“在办项目”界面,如图

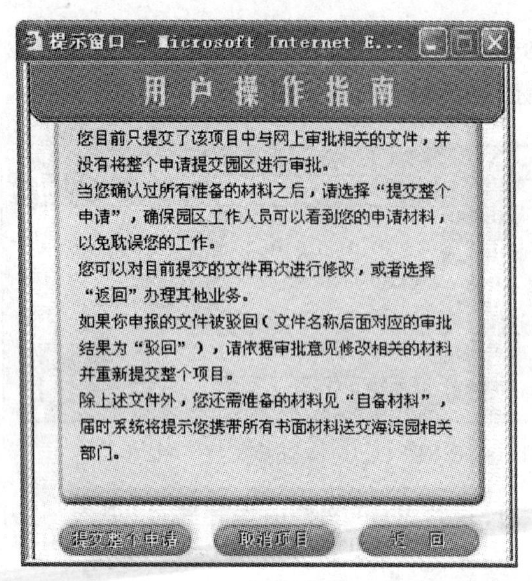

图 11.21 项目处于提交状态的提示窗口

11.22 所示。“在办项目”是指当前用户正在办理的项目，对于企业及公众用户而言，通常是正在申请或等待主管部门批复的项目；而对于政务审批用户，通常是指该用户将要审批的项目。图中“查看状态信息（鼠标悬浮）”列中显示“进入行业审批”，对此加以说明：通常企业及公众用户的项目，根据实际业务的需要，要经过若干部门的审批，“查看状态信息”表明了该项目当前的审批状态。“进入行业审批”表明：项目流程当前已经流转到行业审批这一环节。

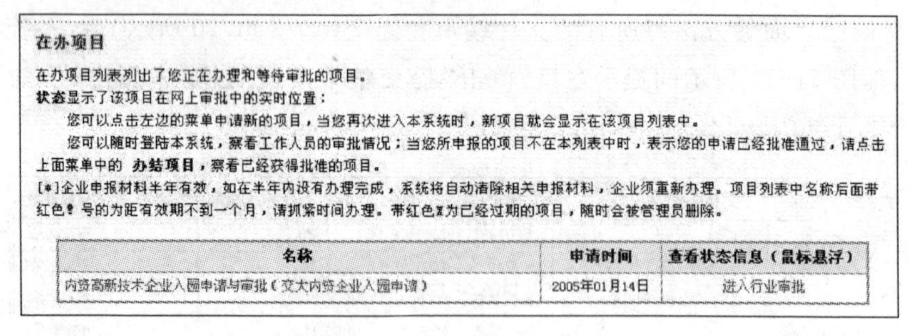

图 11.22 “在办项目”界面

第 3 步 行业审批。

本步骤是流程中审批的第一个环节，由政务办公人员来完成，具体的参与者是行业审批用户：hy1。按照第 8 章中所定义的组织机构，对于不同行业的内资高新技术企业应由不同的行业审批用户来审批，本实验中注册的内资企业属计算机软件行业,应由行业审批用户 hy1 来审批。关于组织机构和用户角色的详细介绍可参见第 8 章。

下面介绍入园项目的审批,由于我们所选择的企业类型为内资高新技术,根据本实验设立的工作流程审批人员共有三个:行业审批人员、企管部部长、证书审核人员。审批的顺序:先是行业审核,然后是部长审核,最后是证书审核。

(1) 首先打开“政务审批平台登录”界面,如图 11.23 所示,输入用户名 hy1 和密码,然后进入“政务审批平台”主界面,如图 11.24 所示。

图 11.23　“政务审批平台登录”界面

图 11.24　“政务审批平台”主界面

注:关于政务审批平台的功能可参见第 7 章。

(2) 如图 11.24 所示,在“待办项目”下列出了该审批用户待办的项目名称和数量。单击“业务名称”列中的“内资高新技术企业入园申请与审批”，进入如图 11.25 所示的界面。

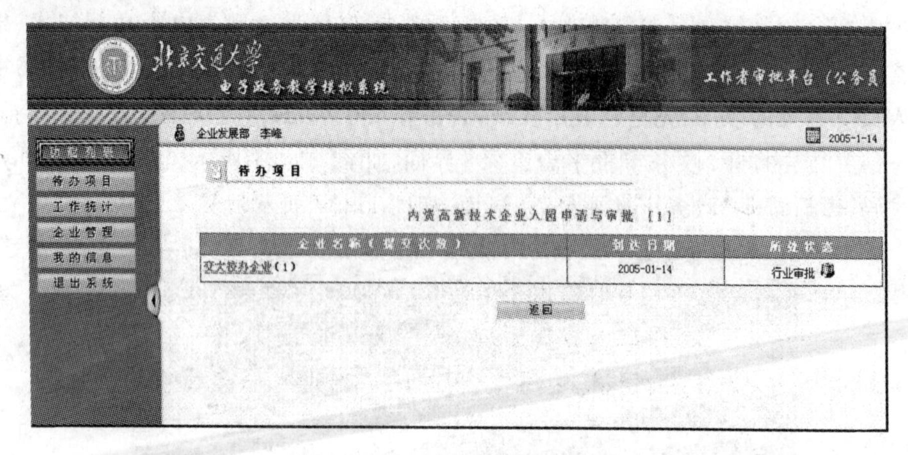

图 11.25 “行业审批”界面 1

(3) 图 11.25 列出了申请“内资高新技术企业入园申请与审批”项目的“企业名称”、“到达日期”和“所处状态”。其中，“所处状态”中有三种颜色的灯显示，分别表示不同的含义：红色的灯表示审批时限已经过了，黄色的灯表示审批时限即将到期，绿色的灯表示在审批时限内。需要说明的是：即使有红色的灯显示，也不会影响审批，也就是说，审批人员可以继续正常的审批工作。

单击企业名称，可以对该项目进行审批。例如，在图 11.25 中，单击“交大校办企业”，出现如图 11.26 所示的界面。从图中可以看到，当前项目正处于行业审批阶段。

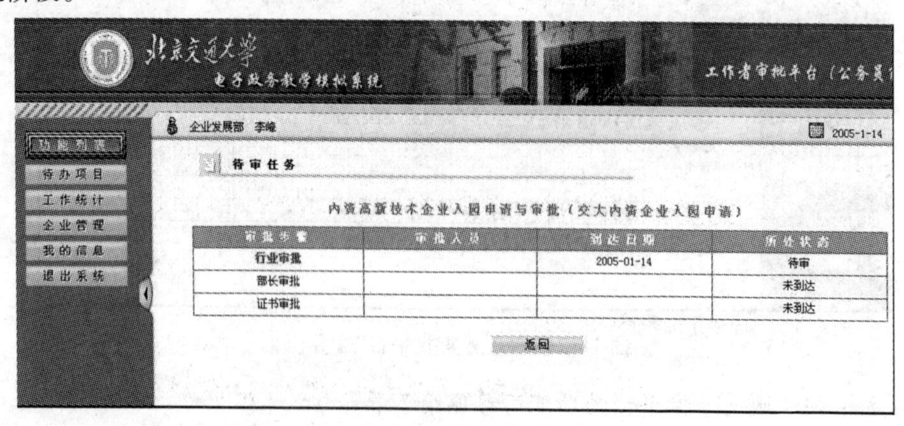

图 11.26 “行业审批”界面 2

(4) 单击“行业审批”,进入图 11.27 所示的界面。

北京交通大學
电子政务教学模拟系统
工作者审批平台

企业发展部　李峰

功能列表
待办项目
工作统计
企业管理
我的信息
退出系统

待审项目

交大校办企业

需审批的文件列表

序号	文件名称	提交时间	审批时间	审批结果	查看审批意见
1	高新技术企业审批表 (new)	2005-01-14 16:01:27			
2	高新技术企业认定申请登记表 (new)	2005-01-14 16:05:48			
3	高新技术企业项目的可行性分析报告 (new)	2005-01-14 16:05:53			
4	知识产权证明 (new)	2005-01-14 16:06:11			
5	法定代表人基本情况表 (new)	2005-01-14 16:06:15			
6	高新技术企业专职科技和管理人员名单 (new)	2005-01-14 16:06:18			
7	内资统计初始登记表 (new)	2005-01-14 16:09:45			

图 11.27　“行业审批”界面 3

(5) 该界面列出了行业审批中所需的文件。细心的读者应能发现,这里列出的 7 个文件正是在第 1、2 步由企业所提交的文件。

行业审批者 hy1 可以对所提交的文件逐一审查并给出审批意见,例如,单击“高新技术企业审批表”,进入如图 11.28 所示的界面。

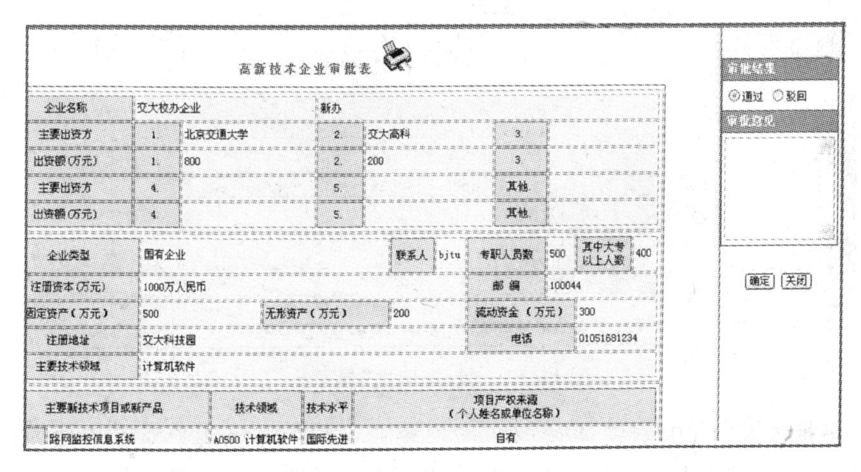

高新技术企业审批表

企业名称	交大校办企业		新办			
主要出资方	1.	北京交通大学	2.	交大高科	3.	
出资额(万元)	1.	800	2.	200	3.	
主要出资方	4.		5.		其他	
出资额(万元)	4.		5.		其他	

企业类型	国有企业	联系人	bjtu	专职人员数	500	其中大专以上人数	400
注册资本(万元)	1000万人民币			邮编	100044		
固定资产(万元)	500	无形资产(万元)	200	流动资金(万元)	300		
注册地址	交大科技园			电话	01051681234		
主要技术领域	计算机软件						

主要新技术项目或新产品	技术领域	技术水平	项目产权来源(个人姓名或单位名称)
路网监控信息系统	A0500 计算机软件	国际先进	自有

审批结果
◉通过 ○驳回
审批意见
确定　关闭

图 11.28　“行业审批”界面 4

(6) 图 11.28 中列出了高新技术审批表的详细项目,行业审批人员审核无误之后,可以在右侧的“审批结果”区中选择“通过”或“驳回”,并在“审批意见”区中给出相应的审批意见,然后单击“确定”按钮后回到“行业审批”界面 3。最后,单击“高新技术企业认定申请登记表”,进入其审批界面,如图 11.29 所示。

高新技术企业认定申请登记表

业名称	交大校办企业		核算方式	独立核算		
通讯处	交大科技园211室		邮政编码	100044	电话号码	01051681234
	姓名	学历	职称		电话	
代表人	bjtu	其他				
事长						
经理	njtu	博士	高工		13888888888	
人员人数	博士生	硕士生	本科	大专	其他	
技人员	400	300	100	0	0	
理人员	100	50	50	0	0	
他人员	0	0	0	0	0	
业场地		科研开发面积	生产、加工、仓库面积	办公面积	门市面积	合计
	自有房产(M^2)	200	500	300	800	
	租赁房产(M^2)	200	200	300	500	

审批结果

◉通过 ○驳回

审批意见

确定 关闭

图 11.29 “行业审批”界面 5

(7) 行业审批人员审核无误之后,在界面右侧给出审批结果和意见,单击“确定”按钮后回到“行业审批”界面 3,以此类推,行业审批人员审核其余文件。当所有的文件都审核完且审批结果均为“通过”之后,在图 11.27 所示的界面下方将出现最终的审批结果栏,如图 11.30 所示。

		16:06:15	00:00:00		
6	高新技术企业专职科技和管理人员名单	2005-01-14 16:06:18	2005-01-14 00:00:00	通过	审批意见
7	内资统计初始登记表	2005-01-14 16:09:45	2005-01-14 00:00:00	通过	审批意见

审批

审批结果:	◉ 通过 ○ 驳回企业
审批意见:	
	-- 请选择审批意见模板 --

确定 返回

版权所有:北京交通大学 设计制作:北京交通大学交通运输学院

图 11.30 “行业审批”界面 6

“审批结果”栏中包括“通过”和“驳回企业”两项,审批用户对于该项的选择结果将直接决定流程的走向。选择“通过”,流程将前行至下一审批环节:部长审批。选择“驳回企业”,流程将后退至企业申请环节,此时,企业用户将不得不重新审查修改申请文件的内容，并再次提交。

第 4 步　部长审批。

在第 3 步中行业审批的结果为"通过"时，流程执行企业发展部部长审批环节，操作过程如下所述。

(1) 进入"政务审批平台登录"界面(如图 11.23 所示)，输入部长相应的用户名和密码，登录到"部长审批"界面 1，如图 11.31 所示。

注：在组织机构中所定义的部长角色的用户名为 buzhang、buzhang1。

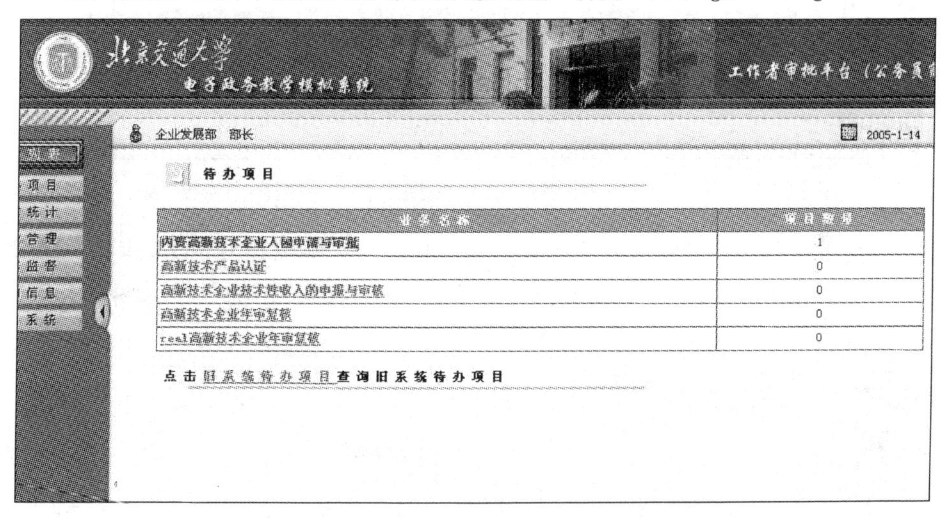

图 11.31　"部长审批"界面 1

(2) 图 11.31 列出了所需审批的业务名称及其项目数量，如"内资高新技术企业入园申请与审批"、"高新技术产品认证"等，单击此实验相关审批项目"内资高新技术企业入园申请与审批"，进入如图 11.32 所示的界面。

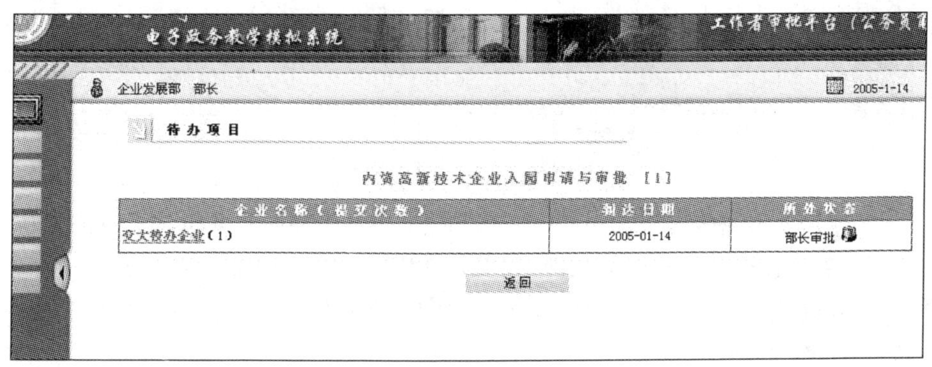

图 11.32　"部长审批"界面 2

(3) 图 11.32 列出了所有“内资高新技术企业入园申请与审批”项目,选择“交大校办企业”,进入如图 11.33 所示的界面。

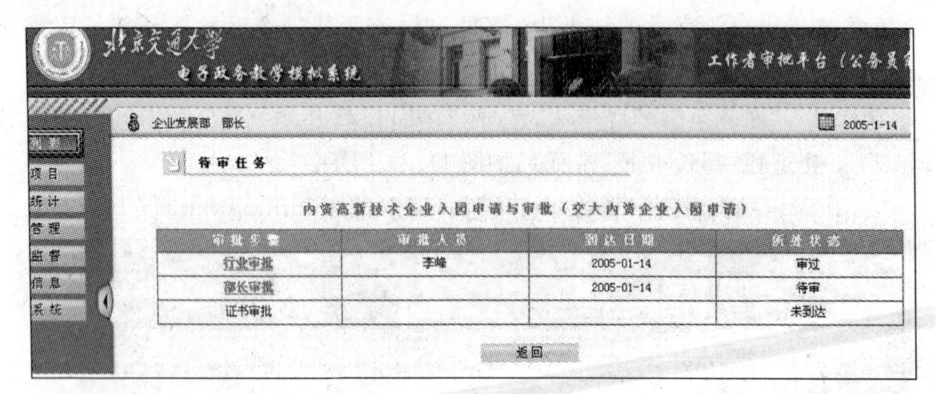

审批步骤	审批人员	到达日期	所处状态
行业审批	李峰	2005-01-14	审过
部长审批		2005-01-14	待审
证书审批			未到达

图 11.33 “部长审批”界面 3

(4) 在图 11.32 中可以清楚地看到该实验流程所处位置为“部长审批”,表明已经通过了行业审批,正等待着部长进行审批,单击“部长审批”,进入图 11.34 所示的界面。

待审项目

交大校办企业

只读的文件列表

序号	文件名称	提交时间	审批时间	审批结果	查看审批意见
1	高新技术企业审批表	2005-01-14 16:01:27			
2	主要登记项目				
3	高新技术企业认定申请登记表	2005-01-14 16:05:48			
4	高新技术企业项目的可行性分析报告	2005-01-14 16:05:53			
5	知识产权证明	2005-01-14 16:06:11			
6	法定代表人基本情况表	2005-01-14 16:06:15			
7	高新技术企业专职科技和管理人员名单	2005-01-14 16:06:18			
		2005-01-14			

图 11.34 “部长审批”界面 4

(5) 图 11.32 中列出了要由部长来审批的文件,不同于行业审批人员的工作,部长并不需要逐个地对文件单独进行“通过”或“驳回”选择,而只需将每个文件审核完后一次性地给出一个审批结果,例如,单击“高新技术企业审批表”,进入其审批界面,如图 11.35 所示。

高新技术企业审批表

企业名称	交大校办企业		新办			
主要出资方	1.	北京交通大学	2.	交大高科	3.	
出资额(万元)	1.	800	2.	200	3.	
主要出资方	4.		5.		其他	
出资额(万元)	4.		5.		其他	

企业类型	国有企业	联系人	bjtu	专职人员数	500	其中大专以上人数	400
注册资本(万元)	1000万人民币			邮编	100044		
固定资产(万元)	500	无形资产(万元)	200	流动资金(万元)	300		
注册地址	交大科技园			电话	01051681234		
主要技术领域	计算机软件						

	主要新技术项目或新产品	技术领域	技术水平	项目产权来源（个人姓名或单位名称）
1	路网监控信息系统	AD500 计算机软件	国际先进	自有
2				无
3				无

图 11.35　“部长审批”界面 5

(6) 部长确定文件信息无误后，退出该界面继续检查后续的文件，如“主要登记项目”等，待一切文件都被检查过之后，最后给出审批结果，如图 11.36 所示。

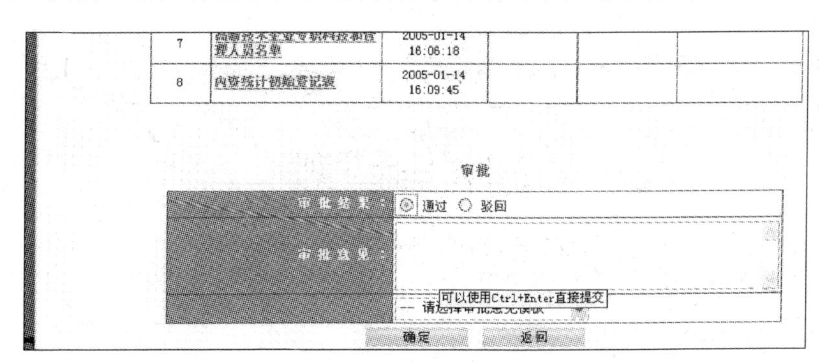

图 11.36　“部长审批”界面 6

(7) 如果部长认为一切都符合要求后，就选择“通过”然后单击“确定”按钮，这便意味着项目已经通过了部长审批。

第 5 步　证书人员审批。

如果第 4 步的部长审批顺利通过，则将进入证书人员审批环节。证书审批通过后，将对申请企业颁发证书，以确认企业的合法地位。下面介绍这一过程。

(1) 以证书审批人员 zhengshu 的角色登录审批平台，登录成功后，证书审批人员就可以看到手中正等待自己去审批的项目列表，如图 11.37 所示。

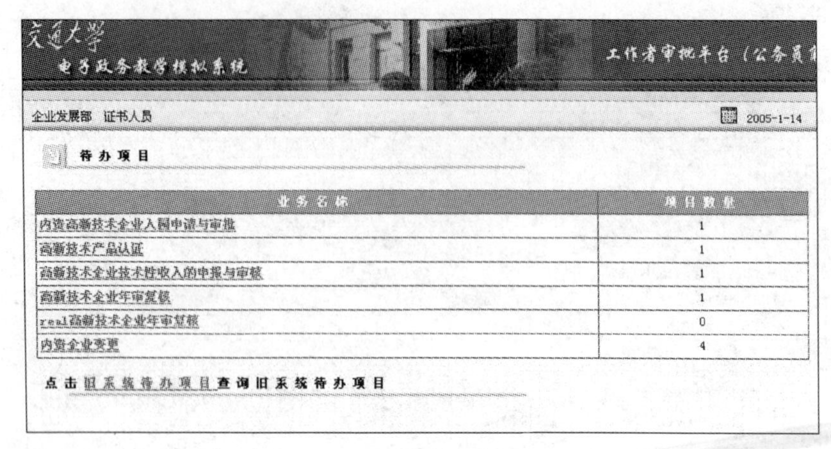

图 11.37 “证书人员审批”界面 1

(2) 选择本实验所涉及的项目“内资高新技术企业入园申请与审批”，进入如图 11.38 所示的界面。

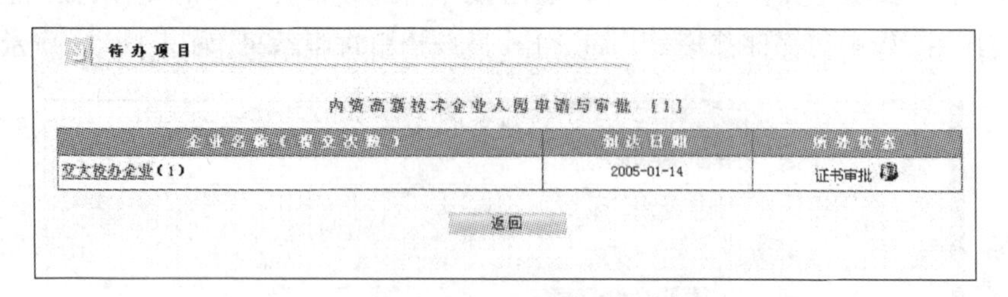

图 11.38 “证书人员审批”界面 2

(3) 找到实验涉及企业“交大校办企业”，单击进入如图 11.39 所示的界面。

待审任务

内资高新技术企业入园申请与审批（交大内资企业入园申请）

审批步骤	审批人员	到达日期	所处状态
行业审批	李峰	2005-01-14	审过
部长审批	部长	2005-01-14	审过
证书审批		2005-01-14	待审

返回

图 11.39 “证书人员审批”界面 3

(4) 单击证书审批，进入如图 11.40 所示的界面。

(5) 在图 11.40 中，所有需要被证书审批人员查阅的文件都列了出来，类似部长审批步骤，证书审批人员对文件逐个进行查看。不同的是，需要证书人员填写一份“新技术企业认定证书号”,如图 11.41 所示。

交大校办企业

只读的文件列表

序号	文件名称	提交时间	审批时间	审批结果	查看审批意见
1	高新技术企业审批表	2005-01-14 16:01:27			
2	高新技术企业认定申请登记表	2005-01-14 16:05:48			
3	高新技术企业项目的可行性分析报告	2005-01-14 16:05:53			
4	知识产权证明	2005-01-14 16:06:11			
5	法定代表人基本情况表	2005-01-14 16:06:15			
6	高新技术企业专职科技和管理人员名单	2005-01-14 16:06:18			

图 11.40　“证书人员审批”界面 4

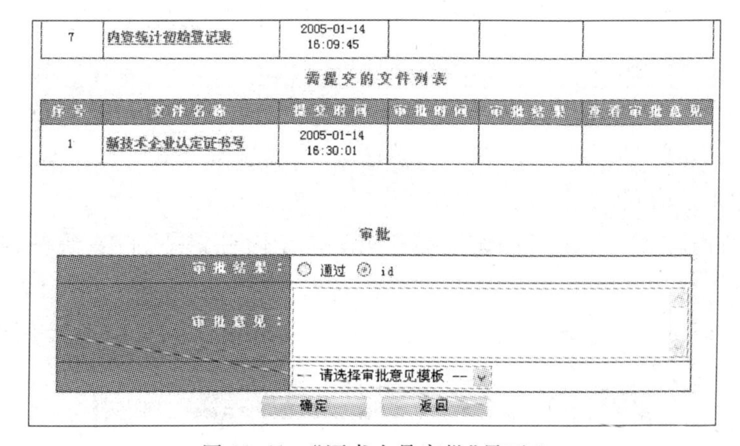

序号	文件名称	提交时间	审批时间	审批结果	查看审批意见
7	内资统计初始登记表	2005-01-14 16:09:45			

需提交的文件列表

序号	文件名称	提交时间	审批时间	审批结果	查看审批意见
1	新技术企业认定证书号	2005-01-14 16:30:01			

图 11.41　“证书人员审批”界面 5

(6) 在图 11.41 中,当其他文件都检查完后,单击“需提交的文件列表”下的“新技术企业认定证书号”,进入如图 11.42 所示的界面。

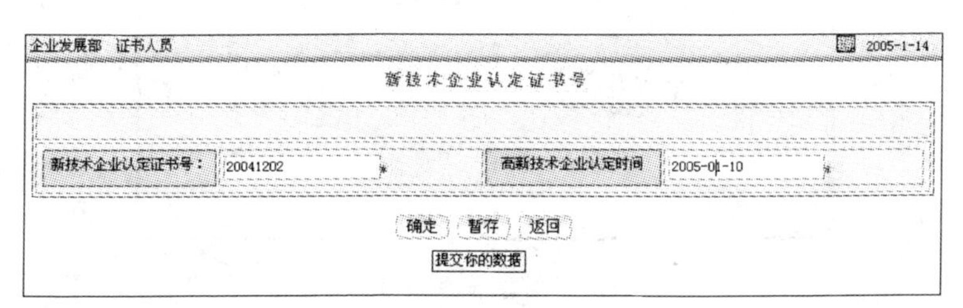

图 11.42　“证书人员审批”界面 6

(7) 在“新技术企业认定证书号”框中填入证书号,证书号由科技园区管理委员会统一编排,类似身份证,每个入园企业都有唯一的编号。读者在进行模拟实验的时候,可自己编写一个号码。在“高新技术企业认定时间”框中应填入给企业颁发证书的时间,时间格式为: yy - mm - dd。填完信息之后,单击“确定”按钮回到如图 11.41 所示的界面,确定一切合格后就选择“通过”,进入如图 11.43 所示的界面。

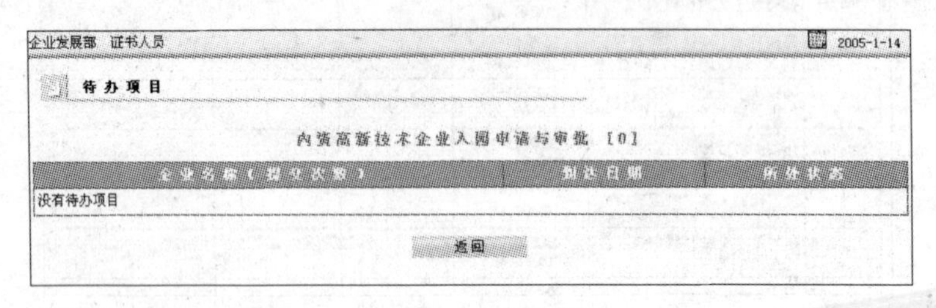

图 11.43 “证书人员审批”界面 7

(8) 至此,“内资高新技术企业入园申请与审批”流程的审批部分结束。

第 6 步 签协议。

当企业申请入园审批流程结束之后,企业并不能立即进行其他的业务,企业必须和园区管理委员会签署协议。在本系统中,签署协议的工作由管理员用户来进行,下面加以介绍。

(1) 在如图 11.44 所示的北京交通大学电子政务系统的“系统管理员登录”界面中,输入管理员的用户名 admin 和密码,单击“提交”按钮,进入“系统管理员平台”主界面,如图 11.45 所示。

图 11.44 “信息管理员登录”界面

进入工作流模型编辑 | 工作流业务参数管理 | 进入用户管理 | 表单管理 | 表名显示定制 | 统计签协议

新建工作流模型

工作流模型ID:　　工作流模型名称:

新建　审批意见模板

工作流模型列表

ID	名称	创建人	创建时间	最后一次修改者	最后一次修改时间	状态	排序
NZ_RY	内资高新技术企业入园申请与审批	admin	2002-08-20	admin	2005-01-14	发布	DOWN
NZ_CP	高新技术产品认证	admin	2002-08-20	admin	2005-01-10	编辑	UP DOWN
NZ_SR	高新技术企业技术性收入的申报与审核	admin	2002-08-21	admin	2005-01-10	编辑	UP DOWN
NZ_NS	高新技术企业年审复核	admin	2002-08-21	admin	2004-11-21	发布	UP DOWN

图 11.45　“系统管理员平台”主界面

（2）在图 11.45 中单击“统计签协议”菜单项，出现“统计中心企业查询”界面，如图 11.46 所示。

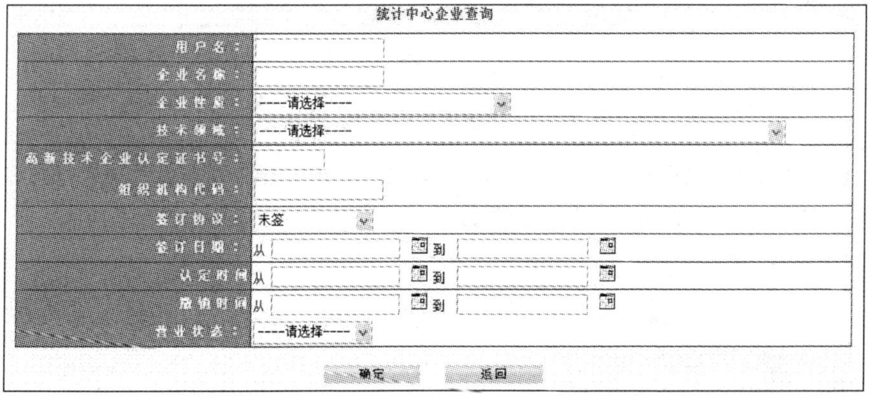

统计中心企业查询

用户名：	
企业名称：	
企业性质：	----请选择----
技术领域：	----请选择----
高新技术企业认定证书号：	
组织机构代码：	
签订协议：	未签
签订日期：	从　　到
认定时间	从　　到
撤销时间	从　　到
营业状态：	----请选择----

确定　返回

图 11.46　“统计中心企业查询”界面

（3）在图 11.46 中，将“签订协议”一项设定为“未签”，单击“确定”按钮，出现如图 11.47 所示的界面。

统计中心签协议

点击企业名称查看具体的企业信息

序号	企业名称	统计编号	组织机构代码	企业性质	注册资金（万元）	注册地址	协议时间	认定时间	撤销时间	认定证书号	认定状态	申报项目查询
1	测试企业	B2630	111111111	----其他内资----	1300	sdf		2002-01-02		HZ0959	认定	查询
2	测试企业2008	11111	020234	私营独资企业	200	北京市海淀区中关村春天		2003-02-19	2003-07-14	2008	认定	查询
3	测试企业2009	B3498	2009	外商独资企业	600	北京市海淀区中关村2009		2002-02-13		2009	认定	查询
4	交大校办企业	B3500	11111	国有企业	1000	交大科技园		2005-01-10		20041202	认定	查询

第1页　共1页

返回

图 11.47　“统计中心签协议”界面

(4) 在图 11.47 中显示了所有待签协议的企业,单击"交大校办企业",出现该企业信息,如图 11.48 所示。

企业信息表

用户号	nz0001	统计编号	B3500
协议签订日期		企业全称	交大校办企业
注册资金	1000	法人姓名	njtu
组织机构代码	11111	法人代表职务	总经理
企业英文名称	njtunz	企业登记注册类型	国有企业
高新技术企业认定证书号	20041202	国民经济行业代码	应用软件服务
工商执照注册号	012365	技术领域分类代码	计算机软件
统计登记证代码	01345745	主要产品1:名称	路网监控信息系统
国税登记证代码	2136444555	主要产品2:名称	
地税登记证代码	136548464	主要产品3:名称	
成立日期	2005-01-01	高新技术企业认定时间	2005-01-10

修改　返回　签订协议　查看密码

企业信息表(续)

图 11.48 "交大校办企业"信息表

(5) 管理员核实无误后,单击"签订协议"按钮。操作完成后,该企业在系统中的状态显示为已签协议,同时系统为企业生成用户名和密码,如图 11.49 所示。

统计中心签协议

统计中心定制用户名密码

用户名:	1111-1
密码	172239

生成用户卡　关闭

图 11.49 为企业生成用户名和密码

(6) 在图 11.49 中,单击"生成用户卡"按钮。为"交大校办企业"生成用户卡并打印,用户卡中的用户号和密码将作为企业登录企业及公众用户平台的唯一合法渠道,如图 11.50 所示。

企业用户卡

公司名称	交大校办企业
法人代表	njtu
协议签订日期	2005-01-14
用户号	1111-1
用户密码	172239

注意: 请妥善保管您的用户卡,不要向他人泄漏您的密码。
请及时修改你的密码,密码修改在【入园办事者进入】后的【企业档案】首页。　打印日期:2005-01-14

图 11.50 企业用户卡

(7) 查看企业入园申请项目受理进度。此时，企业按照用户卡上新给的用户名和密码登录企业及公众用户平台，可以看到入园申请项目已经办结，如图 11.51 所示。

办结项目

办结项目列表列出了您所办理的项目中已经审批通过的项目，点击项目名称查看项目的详细信息。

名称	审批通过时间
内资高新技术企业入园申请与审批（交大内资企业入园申请）	2005年01月14日

图 11.51　查看“内资高新技术企业”入园申请项目受理状态

11.5　扩展实验

在熟悉企业及公众、政务审批平台功能的基础上，参照内资高新技术企业入园的工作流程，分小组模拟外资企业入园的工作流程。在实验过程中，应注意体会不同角色之间相互协作完成业务流程的工作方式。

本章小结

本章给读者介绍了一个政务流程实验，通过本章实验的学习，读者应能够对政务流程、公文流转有初步的认识，了解企业及公众用户的注册流程和政务审批平台的审批流程，体会政务流程中不同角色用户参与并配合完成一个流程的特点。

第12章 政务流程实验二——内资高新技术企业项目申请

内容提要

本章首先介绍了内资高新技术企业项目申请与审批实验所涉及的政务背景知识，包括实验的政务流程、链路逻辑、业务规则等，然后通过具体的实验步骤分别以企业和政府公务员的角色对业务进行申请和审批，通过实际的操作引导读者进一步认识内资高新技术企业项目申请的政务流程。在实验步骤讲解中，对于政务流程实验中涉及到的关键知识点，教材也给出了相应的点拨。

本章重点

- 实践并进一步体会企业及公众用户的相关流程。
- 实践并进一步体会政务审批平台的审批流程。
- 体会并理解政务流程中不同角色用户参与并配合完成一个流程的特点。

12.1 政务背景介绍

本实验以内资高新技术企业"高新技术产品认证"项目申请为实例,说明项目申请过程的流程及该流程中不同角色用户的典型操作。

"高新技术产品认证"实验的工作流模型为:开始→企业申请→行业审批→部长审批→打印材料→证书审批→结束,其工作流模型的节点如图 12.1 所示,其工作流模型的链路如图 12.2 所示。

工作流模型节点

节点名称	类型	入口逻辑	自动出口?	多路出口?	打印节点?	排序	删除
开始节点	开始节点	或	是	是	否		
企业申请	申请节点	或	是	是	否	降	
行业审批	审批节点	或	是	是	否	升 降	
部长审批	审批节点	或	是	是	否	升 降	
打印材料	申请节点	或	是	是	是	升 降	
证书审批	审批节点	或	是	是	否	升	
结束节点	终止节点	或	是	是	否		

图 12.1 "高新技术产品认证"工作流模型节点

编辑工作流模型链路

名称	路径	删除
企业打印	部长审批 >>> 打印材料	
正在申请	开始节点 >>> 企业申请	
进入行业审批	企业申请 >>> 行业审批	
行业审批通过	行业审批 >>> 部长审批	
行业驳回企业	行业审批 >>> 企业申请	
部长审批通过	部长审批 >>> 证书审批	
部长驳回行业	部长审批 >>> 行业审批	
证书审批通过	证书审批 >>> 结束节点	
证书驳回部长	证书审批 >>> 部长审批	

图 12.2 "高新技术产品认证"工作流模型链路

基于本实验的工作流模型的业务流程及各个阶段参与者如图 12.3 所示。

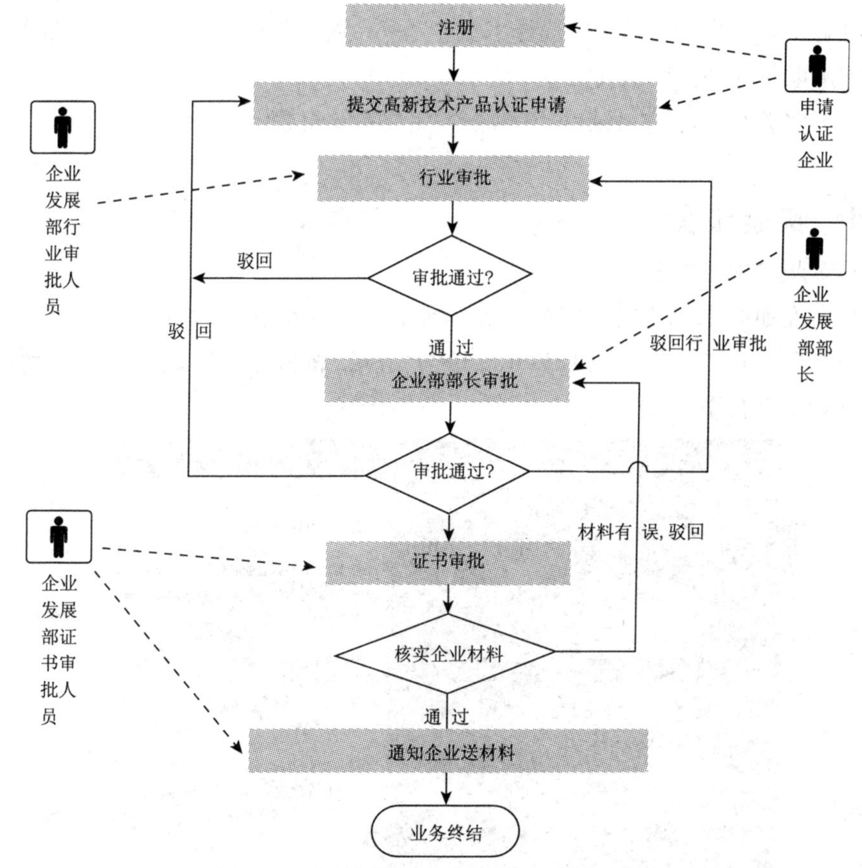

图 12.3　“高新技术产品认证”流程示意图

12.2　实验目的

本实验目的如下：

（1）进一步体会电子政务系统的企业用户办公平台和政务审批平台的功能。

（2）熟悉内资高新技术产品认证项目申请政务流程。

12.3　实验内容及要求

（1）将参加实验的人按角色分为两组：入科技园办事企业和科技园区工作者（行业审批人员、部长、证书审批人员）。实验完成后，可以互换角色再进行一次或多次相同实验，以便对该流程有一个全面的认识。

（2）试着对实验中的业务流程节点做分岔选择（如在进行“通过”和“驳回”

选择时可以做两次实验：一次选择“通过”，另一次选择“驳回”），对比实验结果，充分理解电子政务流程走向。

（3）实验结束后，按照附录 A 的格式完成实验报告。

12.4　实验步骤

第 1 步　项目申报。

（1）在如图 12.4 所示的“企业及公众用户平台登录”界面中，输入用户卡上的用户名（1111 - 1）和密码（172239），单击“登录”按钮进入如图 12.5 所示的企业及公众用户办公平台。

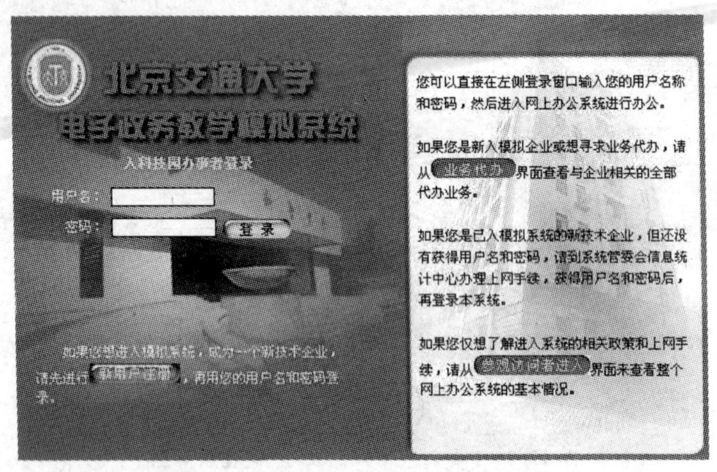

图 12.4　“企业及公众用户平台登录”界面

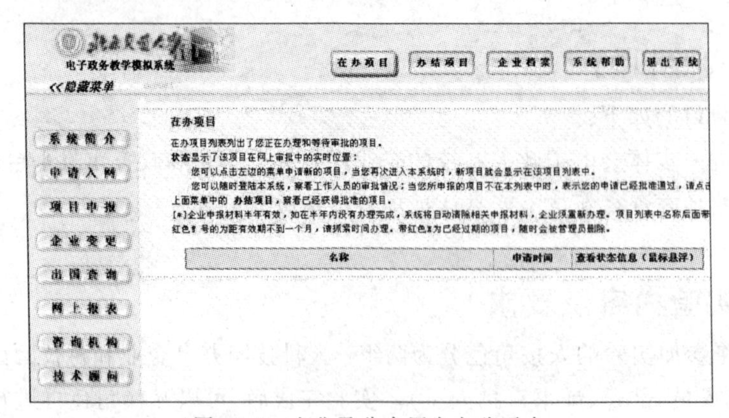

图 12.5　企业及公众用户办公平台

（2）在图 12.5 中，单击左边的“项目申报”近钮，出现如图 12.6 所示的界面。

项目申报

项目申报是进入网上办公的第二步，在您办理完入园申请及初始登记并签完办公协议取得用户卡之后，就可以在这里进行各项目申报，完成如年审复核、高新技术产品认证、因公出国手续办理等办公项目。

项目列表：

序号	项目名称
1	高新技术产品认证
2	高新技术企业年审复核
3	高新技术企业技术性收入的申报与审核
4	因公出国申办程序
5	因公出国申办程序(随团)
6	因公出国申办程序(一年多次往返)
7	因公赴港澳申办程序
8	因公赴台申办程序
9	政审批件申办程序(随市政府团组出国、赴港澳)
10	邀请外国人入境程序(短期来华)
11	邀请外国人入境程序(多次往返或长期来华)
12	《外国专家证》申办程序
13	外宾申请参观访问园区
14	技术合同登记

图 12.6　“项目申报”界面

(3) 在图 12.6 的“项目列表”中，列出了企业可以申报的项目名称，单击“项目名称”链接，即可以申报此项目。在本实验中，单击“高新技术产品认证”，出现如图 12.7 所示的界面。

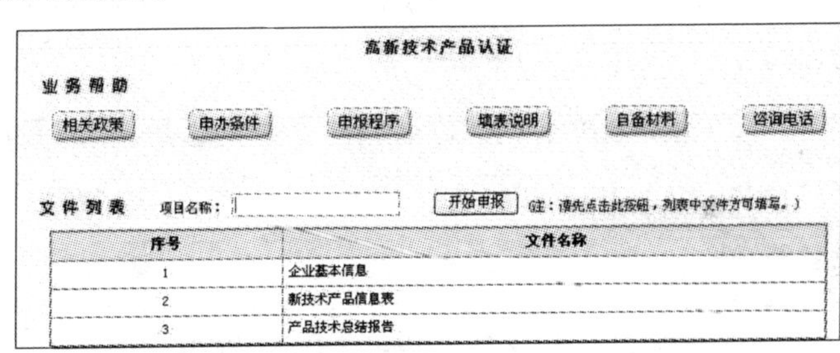

高新技术产品认证

业务帮助

相关政策　申办条件　申报程序　填表说明　自备材料　咨询电话

文件列表　项目名称：　开始申报　(注：请先点击此按钮，列表中文件方可填写。)

序号	文件名称
1	企业基本信息
2	新技术产品信息表
3	产品技术总结报告

图 12.7　“高新技术产品认证”界面 1

(4) 在“项目名称”框中输入项目名称(1111 - 1 高新产品认证)，然后单击“开始申报“按钮，出现如图 12.8 所示的界面。

文件列表

该项目有 3 个必填的文件，您目前还剩下 3 个未提交！
在所有文件提交之后系统会自动弹出一个“用户操作指南”，请按照系统给出的提示信息进行操作。

序号	文件名称	文件状态	提交时间	审批日期	审批结果	审批意见
1	企业基本信息*					审批意见
2	新技术产品信息表 *					审批意见
3	产品技术总结报告*					审批意见

图 12.8　“高新技术产品认证”界面 2

注：在此处填写项目名称，以便于园区工作者区分不同企业的项目申请。

(5) 在图 12.8 中，单击文件名称链接完成文件提交。操作方法同“内资新技术企业入园申请与审批”。所需文件提交完成后，“在办项目”界面中显示“进入行业审批”，如图 12.9 所示。

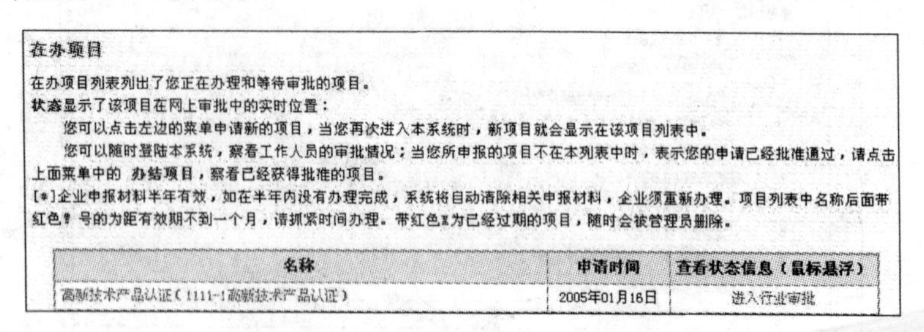

在办项目

在办项目列表列出了您正在办理和等待审批的项目。

状态显示了该项目在网上审批中的实时位置：

您可以点击左边的菜单申请新的项目，当您再次进入本系统时，新项目就会显示在该项目列表中。

您可以随时登陆本系统，察看工作人员的审批情况；当您所申报的项目不在本列表中时，表示您的申请已经批准通过，请点击上面菜单中的 办结项目，察看已经获得批准的项目。

[*]企业申报材料半年有效，如在半年内没有办理完成，系统将自动清除相关申报材料，企业须重新办理。项目列表中名称后面带红色？号的为距有效期不到一个月，请抓紧时间办理。带红色X为已经过期的项目，随时会被管理员删除。

名称	申请时间	查看状态信息（鼠标悬浮）
高新技术产品认证（1111-1高新技术产品认证）	2005年01月16日	进入行业审批

图 12.9 “在办项目”界面

第 2 步 项目审批。

项目申请审批实验基本操作步骤类似前面的“内资高新技术企业入园申请与审批实验”，可以参照前面的操作，其审批人员共有三个：行业审核人员、企管部部长、证书审核人员，学员依次以不同角色登录到审批平台进行审批。由于该实验只涉及“高新技术产品认证”业务，故进入平台后选择“高新技术产品认证”，如图 12.10 所示。

待办项目

业务名称	项目数量
内资高新技术企业入园申请与审批	0
高新技术产品认证	1
高新技术企业技术性收入的申报与审核	0
高新技术企业年审复核	0
real高新技术企业年审复核	0

图 12.10 选择“高新技术产品认证”

接下来的步骤只需参考第一个审批实验流程逐步进行即可，在此略过。要注意的是，在行业审批阶段和部长审批阶段，需要审批人员为新产品填写一个有效期，在这里列出的是在行业审批阶段所要输入的有效期，如图 12.11 所示。

交大校办企业

需提交的文件列表

序号	文件名称	提交时间	审批时间	审批结果	查看审批意见
1	建设新产品有效期至				

需审批的文件列表

序号	文件名称	提交时间	审批时间	审批结果	查看审批意见
1	企业基本信息 (new)	2005-01-15 17:15:21			
2	新技术产品信息表 (new)	2005-01-15 17:17:12			

图 12.11 在行业审批阶段所要输入的有效期

单击进入如图 12.12 所示的界面，为产品输入一个有效期即可。

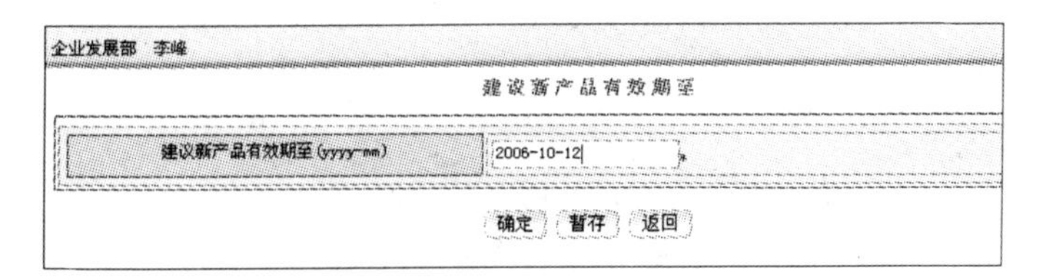

图 12.12　为产品输入一个有效期

然后，在部长审批阶段，除了要输入有效期之外，还需要输入批准日期，如图 12.13 所示。

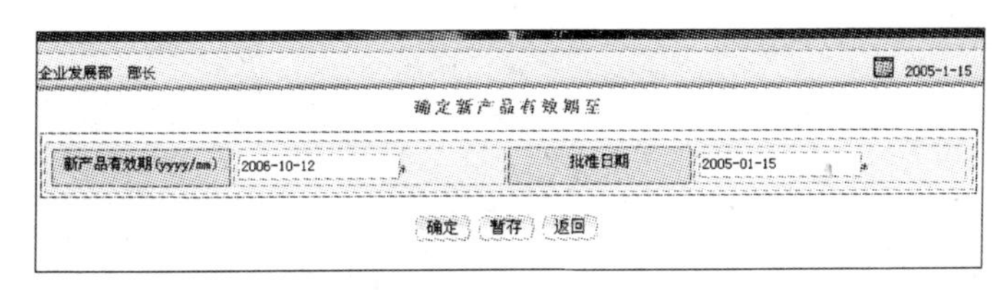

图 12.13　输入批准日期

第 3 步　查看项目申请受理进度。

企业用户进入网上办公系统查看高新技术产品认证项目的受理进度，如图 12.14 所示。

图 12.14　查看项目申请受理进度

12.5　扩展实验

参照内资高新技术企业项目申请的工作流程，分小组模拟一个外资企业项目申请的工作流程。

本章小结

通过本章实验的学习，读者应对政务流程有更深入的了解，通过流程实验，读者可比较并体会电子政务流程与传统业务流程相比的优势。

第13章 政务流程实验三——内资企业变更

内容提要

本章首先介绍了内资企业变更实验所涉及的政务背景知识,包括实验的政务流程、链路逻辑、业务规则等,然后通过具体的实验步骤引导读者进一步理解政务流程。在实验步骤讲解中,对于政务流程实验中涉及到的关键知识点,教材也给出了相应的点拨。

本章重点

- 实践并进一步体会企业及公众用户的相关流程。
- 实践并进一步体会政务审批平台的审批流程。

13.1 政务背景介绍

本实验以内资企业变更为实例，说明企业变更的流程及该流程中不同角色用户的典型操作。

“内资企业变更”实验的工作流模型为开始→企业填报→证书审批→打印材料→结束，其工作流模型节点如图13.1所示，工作流模型的链路如图13.2所示。

工作流模型节点

节点名称	类型	入口逻辑	自动出口？	多路出口？	打印节点？	排序	删除
开始节点	开始节点	或	是	是	否		
企业填报	申请节点	或	是	是	否	降	
证书审批	审批节点	或	是	是	否	升 降	
打印材料	申请节点	或	是	是	是	升	
结束节点	终止节点	或	是	是	否		

图13.1 “内资企业变更”工作流模型节点

编辑工作流模型链路

名称	路径	删除
证书通过	证书审批 >>> 结束节点	
正在申请	开始节点 >>> 企业填报	
进入证书审批	企业填报 >>> 证书审批	
证书驳回	证书审批 >>> 企业填报	
企业打印	企业填报 >>> 打印材料	

图13.2 “内资企业变更”工作流模型链路

13.2 实验目的

本实验目的如下：

（1）熟悉内资企业变更政务流程。

（2）比较并体会不同政务流程之间的共性和差异性。

13.3 实验内容及要求

（1）将参加实验的人按角色分为两组：入科技园办事企业、科技园区工作者（证书审批人员）。实验完成后，可以互换角色再进行一次或多次相同实验，以便对该流程有一个全面的认识。

(2) 试着对实验中的业务流程节点做分岔选择（如在进行“通过”和“驳回”选择时可以做两次实验：一次选择“通过”，另一次选择“驳回”），对比实验结果，充分理解电子政务流程走向。

(3) 实验结束后，按照附录 A 的格式完成实验报告。

13.4 实验步骤

第 1 步　企业填报。

(1) 在图 13.3 中，单击左边的“企业变更”，进入企业变更功能项。

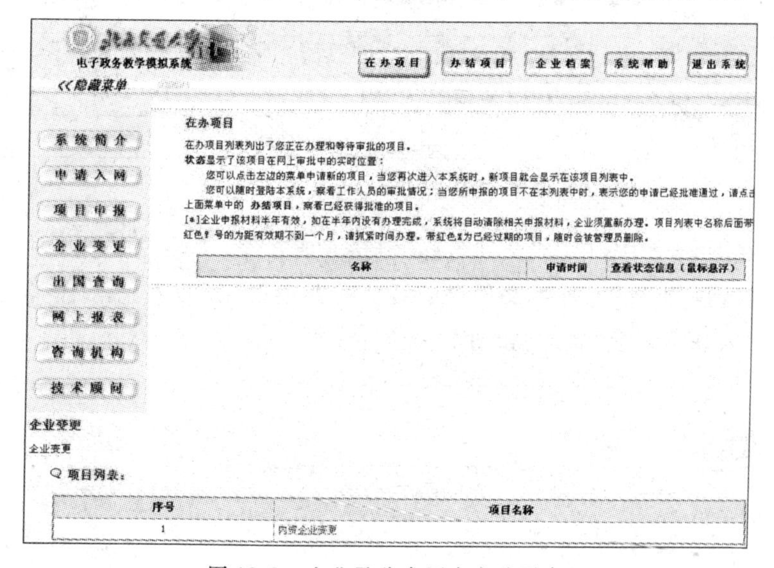

图 13.3　企业及公众用户办公平台

(2) 在图 13.3 中，单击“项目名称”下的“内资企业变更”，出现如图 13.4 所示的界面。

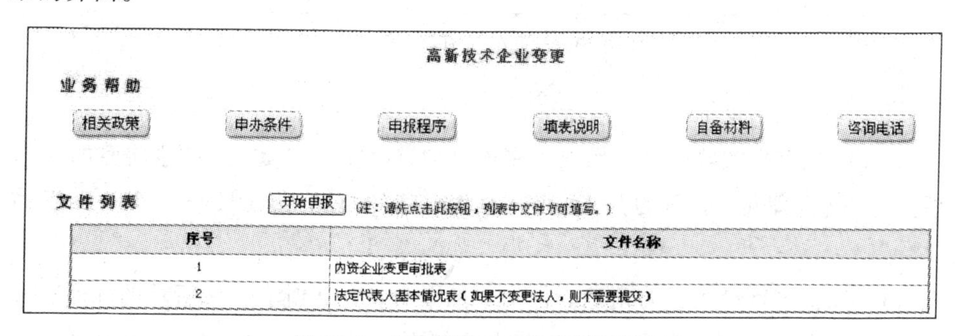

图 13.4　“高新技术企业变更”界面 1

(3) 在图 13.4 中,单击“开始申报”按钮,出现如图 13.5 所示的界面。

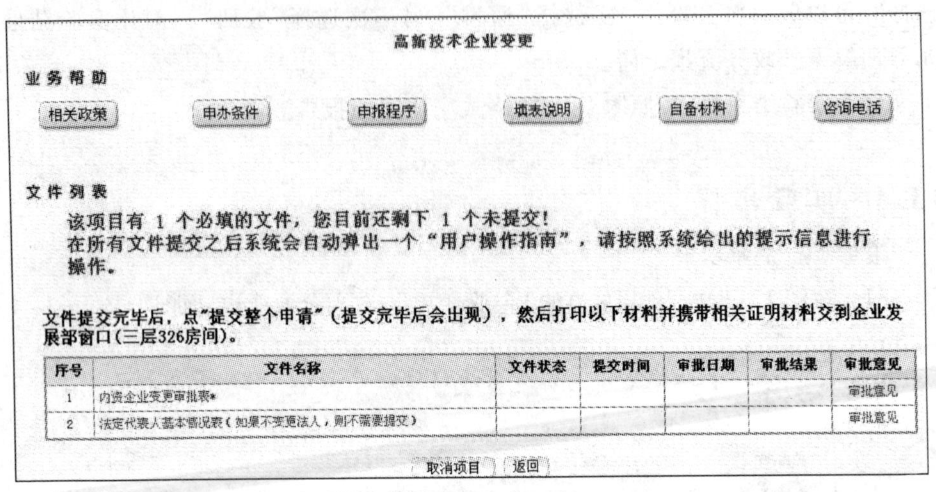

图 13.5 “高新技术企业变更”界面 2

(4) 在图 13.5 中,单击“文件名称”链接完成文件。操作方法同“内资新技术企业入园申请与审批”。所有文件提交后,“在办项目”界面中显示“企业变更”项目处于“进入证书审批”状态,如图 13.6 所示。

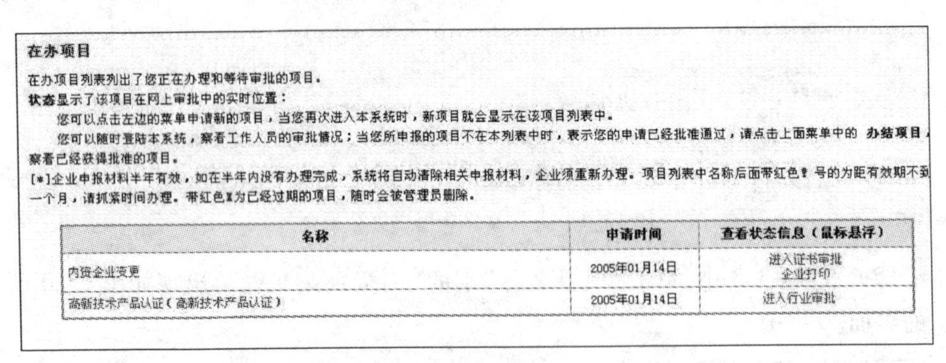

图 13.6 “在办项目”界面

第 2 步 证书审批。

企业变更审批实验的基本操作步骤也类似前面的两个实验,参照前面的操作流程一一执行即可,不同的是对应于这个实验的审批节点只有一个——证书审批。

(1) 以证书审批人员的角色登录到审批平台,进入如图 13.7 所示的界面。

(2) 单击本次实验涉及业务“内资企业变更”,进入如图 13.8 所示的界面。

业务名称	项目数量
内资高新技术企业入园申请与审批	0
高新技术产品认证	1
高新技术企业技术性收入的申报与审核	1
高新技术企业年审复核	1
real高新技术企业年审复核	0
内资企业变更	5

图 13.7 列出业务名单

内资企业变更 [5]

企业名称（提交次数）	到达日期	所处状态
测试企业（2）	2003-08-06	证书审批
测试企业2008（1）	2003-09-24	证书审批
测试企业（1）	2003-11-11	证书审批
测试企业（1）	2003-12-26	证书审批
交大校办企业（1）	2005-01-15	证书审批

返回

图 13.8 "内资企业变更"界面 1

（3）单击本次实验中申请变更的企业"交大校办企业"，进入如图 13.9 所示的界面。

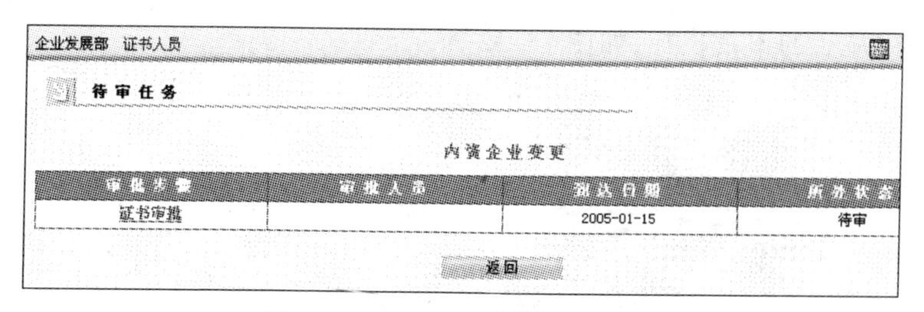

企业发展部 证书人员

待审任务

内资企业变更

审批步骤	审批人员	到达日期	所处状态
证书审批		2005-01-15	待审

返回

图 13.9 "内资企业变更"界面 2

（4）单击"证书审批"，进入如图 13.10 所示的界面。

审项目

交大校办企业

只读的文件列表

序号	文件名称	提交时间	审批时间	审批结果	查看审批意见
1	法定代表人基本情况表（如果不变更法人，则不需要提交）	2005-01-15 20:12:36			
2	内资企业变更审批表	2005-01-15 20:12:29			

审批

审批结果： ○ 驳回 ◉ 通过

图 13.10 "交大校办企业"界面

(5) 在该界面中，有两个文件需要审批人员查看，由于企业申请变更时并没有涉及法人变更，所以只需查看内资企业变更审批表，如图 13.11 所示。

图 13.11 查看内资企业变更审批表

(6) 在图 13.11 中可以看到企业变更前和变更后的相关信息，检查合格后，审批人员进行最后的审批抉择，如图 13.12 所示。

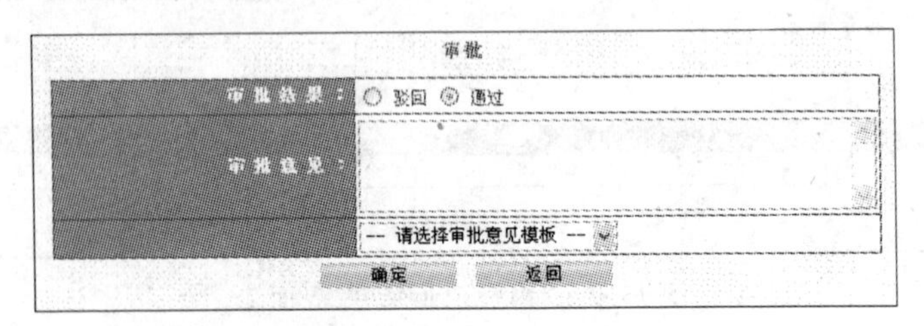

图 13.12 进行最后的审批抉择

(7) 选择“通过”，单击“确定”按钮。

(8) 重新以企业及公众用户身份登录企业办公平台，查看企业变更的状态，方法如下：单击“办结项目”查看企业变更项目是否已办结，如图 13.13 所示。

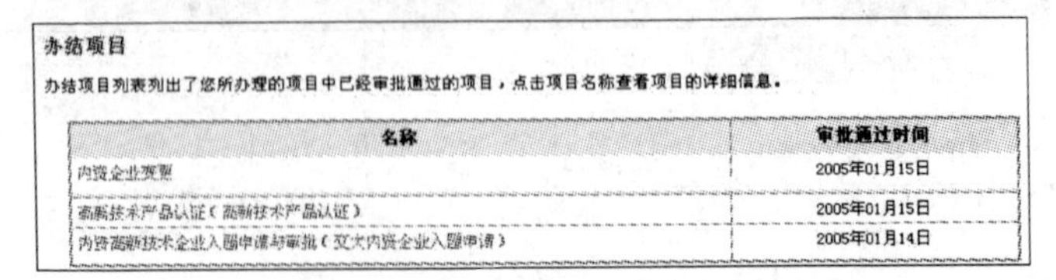

图 13.13 查看企业变更项目是否已办结

13.5　扩展实验

参照内资企业变更的工作流程，分别扮演企业和政府相应工作人员两个角色，以完成外资高新企业及非高新技术企业变更的申请业务、审批业务，要求政府审批人员在审批文件时必须有驳回的程序，需要企业重新填写相关资料进行申请，完成整个企业变更申请过程，并总结与内资企业变更申请的不同之处。

本章小结

通过本章实验的学习，读者应能够对政务流程有更深入的认识，读者在体会电子政务流程较之传统政务流程的优势的基础上，应考虑如何设计政务流程以提高办公效率、减低资源消耗等问题。

第14章 国外电子政务系统纵览

内容提要

本章介绍了美国政府门户网站——firstgov.gov，向读者展示了当今发达国家政府电子政务技术及服务的一些鲜明特色，如人性化、"一站式"门户服务等。另外，本章在介绍国外发达国家的电子政务建设时，并不拘泥于政务系统建设这一技术层面的问题，而涉及到电子政务建设理念、发展观念、内容组织等更为广泛的议题，希望通过介绍让读者对电子政务系统的特色、发展趋势、国际上电子政务建设的新鲜理念和最新成果有所了解。

本章重点

- 了解当今世界上先进的电子政务理念。

14.1 美国政府门户网站介绍

美国联邦政府门户网站 www. firstgov. gov,俗称“第一政府网站”,如图 14.1 所示。它是美国联邦政府电子政务策略中的一个非常重要的组成部分,也是美国电子政务的形象标志和服务主要窗口,而且也在很大程度上体现了美国关于电子政务的理念、目标和做法。美国的政府网站具有非常明显的特色,受到许多电子政务研究者的青睐。

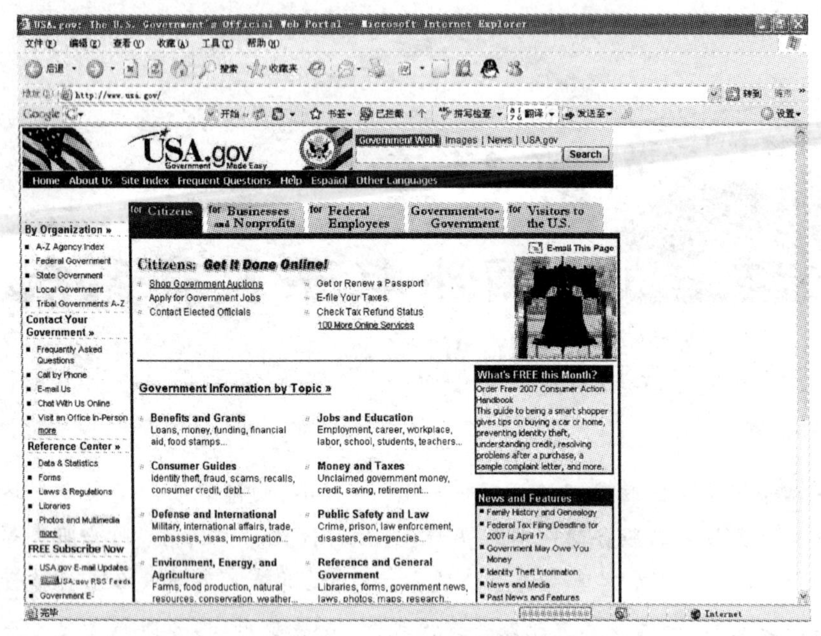

图 14.1 美国联邦政府门户网站

美国联邦政府门户网站在总体结构上有如下鲜明的特点。

(1) 它是一个完整的、开放的政府网站体系。据了解,目前美国政府网站达 2 万多个,而且内容非常丰富,页面数量多达几千万,一般的公民很难通过网络搜索来准确快捷地获得其服务,当然需要门户网站加以引导。

(2) 它是一个纯粹的门户。按照门户的概念来看,它不是一个 ICP 提供者,在它的首页,看不到任何一条新闻,也根本没有任何有关新闻的栏目。

(3) 它是一个丰富的资源库。网站的内容丰富,信息量大。据了解,今年年初,美国政府网页数就多达 3 500 万页,而且内容涵盖了有关市民、企业和政府之间的信息和服务,也包括各种公开的统计数据。

如果更仔细地观察,还会发现该网站在设计、服务和内容组织上的特色。

美国联邦政府门户网站在内容安排上体现了"简单、实用、重点突出"的特征。网站按照其业务分类,首先突出四大块业务,即面向公民、面向企业、面向政府和其他访问者。这"四个面向"业务处于页面的视角最佳位置,而且在字体和字型上也非常突出,每个面向业务的下面是一系列的分支服务内容,如果单击"更多",会显示出更多的服务项目。服务也非常细致,如果用户所寻求的内容未列上,还可以输入关键字进行搜索。

在设计上,美国联邦政府门户网站充分体现了"实用和简洁就是美"的观点。在颜色选择上,基本上以其国旗蓝为基色,配以其他少数几种颜色;在字体选择上,更是选择少数几种字型;而在其旗帜上,充分反映美国整体特色,由国旗、自由女神、国会大厦和白宫组成。图片也比较有特色。除上面所讲的旗帜外,只有三个图片,是网站提供主要三大业务的图片。在颜色和内容选择上,既体现本身的特色,又简单明了。

在服务上,更是独具特色,充分体现了该网站的"用户至上"的理念。从设计的服务栏目、呈现的服务窗口,以及可以通过该网站进入的其他网站的便利程度和查询、搜索的便捷性来看,都是一流的。也就是说,通过该网站,充分体现了美国政府的服务公民意识。从该网站的首页所提供的服务来看,几乎包括目前网站所可能提供的各种服务,如"关于我们"、"帮助信息"、"网站地图"、"搜索"、"高级搜索"、"主题选择"、"客户调查"、"参考资料";而且在网页下面还有"隐私与安全"、"常见问题回答(FAQ)"、"联系我们"、"与我们连接"等服务内容。这些丰富内容的提供,充分显示了网站的人性化服务特征。

还有一些值得提起的细节信息,如在网站的最下方,公布了美国联邦政府的 800 免费咨询电话,并且写道:"关于联邦政府的任何问题,请拨电话 1 - 800 - 333 - 4636。"

通过对美国联邦政府网站的观察,可以看出美国政府对电子政务的认知态度:"欢迎来到 21 世纪的美国政府,你可以通过鼠标访问这个新改善的第一政府门户网站,在这里寻找你需要的服务,处理你的业务,并与你的政府进行联系。美国联邦政府网站是我们行政机构关于电子政府创新的一个'前端'。"简要地说,美国政府实施电子政务的目标是使政府能够更方便地接近每个美国人。对所有政府在线服务来说,电子政务是"一站式"的、最容易使用的网站门户。用户只要单击网站就能够迅速发现并处理事务,而不需要知道是哪个政府部门提供的服务。

现在,美国联邦政府网站已经从一个提供政府信息的网站而逐步转变成为人们提供各种解决方案的平台。

14.2 欧盟国家的电子政务介绍

欧盟各国的政府门户网站起步早、发展成熟,在联合国发布的政府网站相关评估中排名大都位于前列。下面以英国、荷兰、丹麦、瑞典等几个人性化程度高、服务形式新颖易用的政府门户网站为例,针对性地从网站组织设计、信息公开、在线服务、公众参与等几个角度,分析它们在坚持以人为本、创新服务形式上的先进经验,以期给读者提供一些有益启示。

14.2.1 英国的电子政务介绍

在世界各国的电子政务建设中,英国虽然起步晚于美国,却大有后来居上之势,目前已成为世界上公认的走在前列的国家,其最为突出的特点是,通过互联网为公众提供各种服务,主要体现在以下几个方面。

(1) 提供便捷的“政府入口”服务。英国政府从 2001 年 7 月开始试行“政府入口”服务,并承诺所有公众都能从政府网站中获得所需的公共服务。“政府入口”是将政府部门的后台系统与前端应用系统(如政府网站、政府门户网站等)有机连接起来的中间件。它提供统一认证、单点登录,使公民能访问到他想访问的网站和信息,以及实现在线服务,从而体现信息和服务的共享。目前,英国公众已经能从网上获得住房、医疗、出境旅游、政策新闻、退税、职业介绍、车辆管理等众多的政府网上服务。在试行“政府入口”服务的同时,英国政府还启动了政府网关计划。该网关把公民网站、商业和部门网站与政府各组成单位的办公室系统等安全地连接在一起,提供每年 365 天和每天 24 小时的“无缝”服务。当公民所要的在线服务需要与银行、税务等发生交互时,通过政府统一网关就可以完成数据交换。

(2) 发展广泛的电子民主。电子民主是伴随电子政务发展的一个必然产物。它的前提是保障所有人得到电子政府的服务。为缩小数字鸿沟,英国政府加强信息技术教育和基础设施建设,保证公民在家、工作单位,以及在社区都能接入互联网;同时开展 ICT 培训及建立电子终身教育系统,帮助人们掌握互联网技术,以及通过大力发展地方在线内容以增加更多人使用互联网。电子民主还体现在通过政府网站这个载体,吸引公民参政议政,与政府进行实时互动交流。英国内阁颁布法令,宣布公民可以在网上对政府文件进行咨询并提出意见。同时许多政府部门在门户网站上都建立了相关部门的政策讨论专区,公民可以就感兴趣的专题进入不同的论坛。此外,英国政府还在一些地区试行电子投票。

(3) 建立领先的知识管理系统。英国政府是全世界第一个实现了所有政府部门内部、部门与部门之间在同一个交互系统上进行协同工作、知识共享的政府,创建了全世界最为领先的知识管理系统。该系统是英国各政府部门内部信息、知识交流的一个内域网。知识管理系统从根本上改变了政府传统的事务流程与处理方式,提高了工作效率和管理效率,从而最终实现政府职能转变。知识管理系统的构建分为四期进行。第一期工程侧重于知识网络系统的发布,初步实现了政府各部门通过政府安全内域网,以浏览器或是其他客户端的方式实现数据检索和查阅。第二期工程侧重于政府部门在知识网络系统的相互交流,为跨部门协同工作提供基础。第三期侧重于知识网络的管理,加强各部门间的协同工作。第四期侧重于推动各部门、机构利用知识网络这个平台充分实现自己的目标。目前,该系统的四期工程都已经完工。

下面给读者介绍几个英国的政府网站,读者可以亲自体会一下。

1. 英国贸易工业部网站(http://www.dti.gov.uk)

英国贸易工业部(以下简称贸工部)是英国主要经济管理部门之一,全面负责管理工业和贸易、科技、国际贸易政策和促进出口政策等,其主要职能包括国内贸易、对外贸易、双边投资、区域经济合作、对外谈判、知识产权保护、市场秩序维护、欧盟内部政策谈判与协调、欧盟外部的双边政策谈判与协调等。

贸工部政府网站致力于构建权威的贸易及工业相关政策、法规、咨询、公告以及发展规划等信息网络平台,其主要目标是:

(1) 整合贸工部各部门资源,构建统一的网络平台,突出"一个贸工部"的精神。

(2) 发挥互联网和信息技术的优势,高效、快捷地为公众和企业提供有关信息和服务。

贸工部政府网站的主要用户包括社会公众、企业、科研人员、新闻记者等。针对其不同需求,网站内部设立了就业、能源、科技、创新、商业政策与法规、消费政策、欧盟和世界贸易、区域经济发展、企业部门等栏目。

网站由中央信息通信组(Central eCommunications Team)负责管理,其主要职能包括四个方面：

（1）组建、管理和协调各子站工作组。

（2）负责对各网站的编辑进行培训。

（3）编制网站内容发布手册。

（4）及时与技术支持单位进行沟通，确保网站的正常运转。

目前，该通信组有6名成员。

网站的内容发布和更新工作被分解到贸工部各下属部门，目前有30名编辑人员负责各网站栏目的内容管理和编辑，其原始材料由相关职能部门的官员提供。

目前，贸工部政府网站提供有关表格下载和网上填报以及一些数据查询服务，尚无网上审批功能。

关于“网上互动”，通过单击网站开始页面的“联系我们”链接发送有关投诉或咨询，由中央信息通信组负责处理，如针对技术问题，中央信息通信组直接进行答复，如果涉及有关具体业务，则中央信息通信组将转发给相应人员。

2. 英国贸易投资总署网站（http://www.uktradeinvest.gov.uk）

英国贸易投资总署（以下简称UKTI）设在贸工部，但又相对独立，主要负责贸易投资工作的具体协调，其职能更为贴近企业，主要包括制定对外贸易促进政策，创造公平贸易环境，提供投资信息咨询、财务协助等。

UKTI政府网站的主要目标有两个：一是引导UKTI驻各地分支机构的工作，并通过统一风格和整合资源，提升UKTI品牌形象；二是帮助用户迅速准确查询所需信息，帮助英国企业在国外发展，吸引外国直接投资。具体来说，包括四个方面：一是通过提供科学分类和高效搜索以及用户自我定制功能，提供及时准确的信息和咨询服务；二是自动答复常见咨询，以提高效率；三是确保无法自动答复的咨询能够转发给相关负责人员；四是帮助UKTI与英国公司建立和维持良好关系。

网站的主要服务对象是英国公司，同时也为外国公司投资英国提供咨询和帮助。目前，该网站有12 000名注册用户，平均月点击量约为25万次。

该网站的主要内容包括国外市场信息、特定产业信息和投资英国指南，并为注册用户提供更详尽且经过整合的信息服务（如特定国别和特定领域的商业机会等）。

该网站由UKTI的信息化工作组（E-Transformation Group）负责管理，目前有8名成员，具体职能包括网站日常维护、客户咨询处理以及对UKTI员工进行培训等。

用户可以在任何页面通过单击相关按钮进行网上咨询或投诉，这些咨询或投诉将直接转发给相关部门，并由相关部门通过电子邮件答复咨询者。

14.2.2　其他国家的电子政务介绍

1. 荷兰

荷兰政府网站（http://www.overheid.nl）主页如图 14.2 所示，其设计突出了问题导向的场景式服务设计理念，其布局简洁明了、内容丰富，网站首页设置了四个频道首页、政府政策、主题新闻、政府部门，对政府各部门、政府各项政策做了详细的介绍。同时，索引区设置了关注和链接两个栏目。关注设置了安乐死、恐怖主义、外侨移民接待等热点主题，链接栏目里首先按照部门不同进行归类，给出了中央各部门网站，同时根据应用主题的不同，将相关的政府机构整合归类到 9 个主题下。通过主题定位一方面为用户明确政府职能提供了指引，另一方面，为用户在特定主题下全面获取政府提供的相关服务提供了便利。

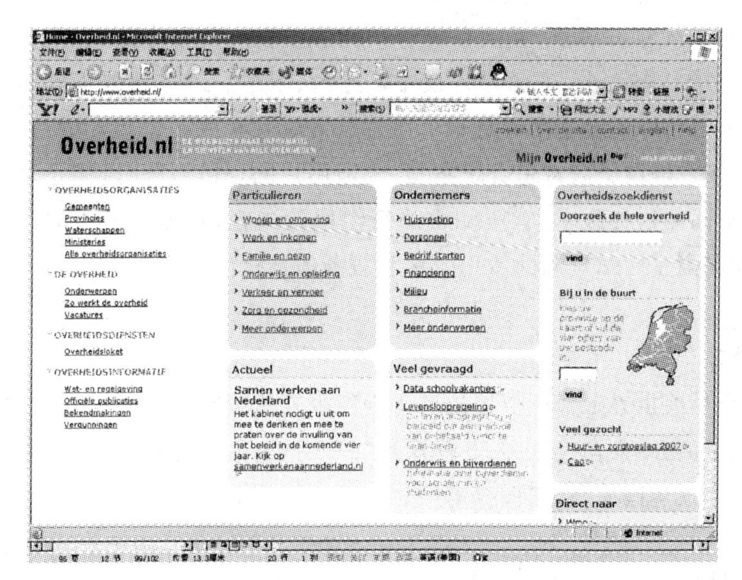

图 14.2　荷兰政府网站主页

在具体网站服务内容的组织设计上，荷兰政府网站的一个极富特色的方式是问题导向的场景式服务设计：针对特定主题、用户群体，网站为用户提供了多项场景选择，主动为用户界定需求、提供服务通道，用户可根据自己的实际境况选择场景进入获取高度针对性的服务。在网站内容上的这种服务组织方式别出心裁，充分体现了荷兰政府网站人性化设计的特点。以荷兰移民主题为例，针对驻留荷兰，它设置了5个场景：我想来荷兰、我想带人来荷兰、我想成为一个荷兰公民、我想留在荷兰、我想离开荷兰。这种问题导向的场景式设计，成为荷兰政府网站的一个鲜明特色，通过场景设置，实际上网站是主动地为用户界定了需求，根据自身境况，用户无论是想前往荷兰、离开荷兰还是移民荷兰，都可以针对性找到对应场景，以此为渠道获取政府网站提供的服务事项。

这不同于在网站发展初期，在部门职能基础上提供服务内容的常用形式，它将着眼点从部门职能转移到用户需求，并主动对用户需求进行界定以提供针对性服务，大大方便了用户使用，提高了网站的服务效率，真正体现了人本理念。

2. 丹麦

丹麦政府网站在设计上体现了国际化和针对性相结合的特点。在网站内容设置和服务模式上具有自己鲜明的特点。它的门户网站提供了四个语种的版本，体现了网站国际化的特点，但在各语种的内容设置上却各有侧重，如英语版将用户对象定位于外国人士，主要只是设置了旅游、求学、工作、商务投资等几个服务主题。网站认为丹麦本国用户是很少通过英语版来获取相关服务的，因而在丹麦语版本下，集中提供了大量适合于本国、当地用户的资讯服务，以满足其各方面需求。通过不同的语种版本，有所侧重的组织网站内容，既体现了网站国际化的特点，又大大提高了网站资源的使用效率和服务的针对性。

3. 瑞典

瑞典是目前世界上信息技术社会化程度很高的国家，在PC基础设施、Internet的使用、电子商务、人均投入和IT教育等23个指标的综合评比中，曾超过美国和其他50多个发达国家，名列世界第一。

瑞典政府门户网站（http://www.regeringen.se）在设计和内容组织上突显了政务信息高度透明和以用户为中心的理念，在首页主要设置了发布区、信息发布两个栏目，前者将政府各项法律法规、政策文件做了全面的公开发布，后者为用户提供了大量的政府资讯、新闻信息。它被分为信息分类和信息展示两个区域，用户可以通过清晰的栏目导航和强大的搜索引擎寻找所需信息，非常人性化，具体体现在如下两个方面。

（1）在信息分类导航上，瑞典政府并没有使用工作量最小的方式——按信息来源分类，而是采用了两种用户都容易理解的分类标准——信息的成文体裁（包括文章、演讲、声明、评论等）、信息的格式（包括文本、图片，流媒体等）进行分类，让用户看得懂、找得到，同时也打破了政府网站以传统的网页文本信息为主的信息发布方式，丰富了资讯信息内容的表现形式。

（2）在信息检索上，瑞典政府为用户提供了两种工具：一是功能强大的搜索引擎，二是每条信息的元数据描述。瑞典政府为每类信息都设置了以时间（精确到月）和产生部门为条件的搜索引擎；在每条信息前还附上元数据信息（包括信息类型、信息产生时间、信息产生者和产生部门），部分信息甚至还提供作者的联系方式供用户交流之用。通过两类工具的同时使用，为用户快捷地获取所需信息提供了极大的便利。

另外，网站还考虑到不同群体的信息获取需求，专门设置了"听网站"的按钮，通过单击，用户可以自由选择朗读速度和朗读内容，也可以自由决定朗读的进度。这种信息获取方式在其他国家的政府网站上是不多见的，充分体现了瑞典政府为最广泛的用户群体着想，提供多种信息获取方式的人性化的网站设计理念。

瑞典政府网站在信息覆盖面广、内容丰富的基础上，打破单一的网页文本信息形式，提供了从文字、图片到流媒体等的各种信息格式，不仅内容更新迅速及时，发布形式更是活泼多样，大大丰富了网站的表现形式。同时，该网站打造了清晰的导航系统和强大的搜索功能，并根据用户需要设置了个性化主题，为用户快捷地获取所需信息提供了便利。

14.3 政府网站资源列表

下面列出一些政府政务网站的网址，供读者使用。

德国政府：	http://www.bundesregierung.de
英国政府：	http://www.ukonline.gov.uk
法国总统府：	http://www.elysee.fr
美国白宫：	http://www.whitehouse.gov
加拿大政府：	http://www.gc.ca
中国国家发展和改革委：	http://www.sdpc.gov.cn
新加坡政府：	http://www.gov.sg

日本首相官邸：http://www.kantei.go.jp

日本外务省：http://www.infojapan.org

韩国政府：http://www.korea.net

本章小结

本章给读者介绍了当今国际上发达国家电子政务系统建设的理念、技术成果、发展趋势等，通过本章的学习，读者应放开思路，充分吸收这些新鲜的理念，并将其应用在自己的学习、工作中。

附录A　实验报告参考格式

实 验 报 告

实验项目名称________________________

所属课程名称________________________

实　验　类　型________________________

实　验　日　期________________________

班　　　　级________________________

学　　　　号________________________

姓　　　　名________________________

成　　　　绩________________________

实验概述：

【实验目的及要求】

【实验原理】

【实验准备工作】

实验内容：

【实验方案设计】

【实验过程】（实验步骤、记录、数据、分析）

【结论】（结果）

【实验收获、疑难及需解决问题】

指导教师评语及成绩：

评语：

成绩：　　　　指导教师签名：

批阅日期：

实验报告说明

（1）实验项目名称：要用最简练的语言反映实验的内容。要求与实验指导书中相一致。

（2）实验类型：一般需说明是验证型实验还是设计型实验，是创新型实验还是综合型实验。

（3）实验目的与要求：目的要明确，要抓住重点，符合实验指导书中的要求。

（4）实验原理：简要说明本实验项目所涉及的理论知识。

（5）实验环境：实验用的软、硬件环境（配置）。

（6）实验方案设计（思路、步骤和方法等）：这是实验报告极其重要的内容，概括整个实验过程。

① 对于操作型实验，要写明依据何种原理、操作方法进行实验，要写明需要经过哪几个步骤来实现其操作。

② 对于设计型和综合型实验，在上述内容基础上还应该画出流程图、设计思路和设计方法，再配以相应的文字说明。

③ 对于创新型实验，还应注明其创新点、特色。

（7）实验过程（实验中涉及的记录、数据、分析）：写明上述实验方案的具体实施，包括实验过程中的记录、数据和相应的分析。

（8）结论（结果）：根据实验过程中所见到的现象和测得的数据做出结论。

（9）小结：对本次实验的心得体会、思考和建议。

（10）指导教师评语及成绩：指导教师依据读者的实际报告内容，用简练的语言给出本次实验报告的评价和价值。

参考文献

[1] 北京交通大学．电子政务系统设计说明书．电子政务系统项目开发组,2005.3

[2] 北京交通大学．电子政务系统实验指导书．电子政务系统项目开发组,2005.4

[3] 刘红璐,张真继,彭志锋．电子政务系统概论．北京:人民邮电出版社,2005.

反侵权盗版声明

举报电话:(010)88254396;(010)88258888

传　　真:(010)88254397

E-mail:dbqq@ phei. com. cn

通信地址:北京市万寿路 173 信箱

　　　　　电子工业出版社总编办公室

邮　　编:100036